调水工程标准化
创建指导手册

水利部南水北调规划设计管理局
南水北调东线江苏水源有限责任公司 编著

中国水利水电出版社
www.waterpub.com.cn
·北京·

内 容 提 要

本手册详细解读了《调水工程标准化管理整体评价标准》《管涵（隧洞、倒虹吸）标准化管理评价标准》和《渠道（渡槽）标准化管理评价标准》，针对标准条目，编写了条文解读，规程、规范和技术标准等相关依据以及备查资料，明确了调水工程标准化创建工作路径，讲解创建重点，并介绍典型工程标准化创建情况，总结标准化创建经验。

本手册可为各调水工程开展标准化创建工作提供实际指导，对推动提升全国调水工程管理水平具有重要意义。本手册可供引调水工程、管道工程、输水规划和设计等专业的科研管理技术人员阅读，亦可供大专院校相关专业的师生借鉴和参考。

图书在版编目（CIP）数据

调水工程标准化创建指导手册 / 水利部南水北调规划设计管理局，南水北调东线江苏水源有限责任公司编著. -- 北京 : 中国水利水电出版社，2023.4
ISBN 978-7-5226-1503-5

Ⅰ. ①调… Ⅱ. ①水… ②南… Ⅲ. ①南水北调一水利工程一标准化管理一手册 Ⅳ. ①TV68-62

中国国家版本馆CIP数据核字(2023)第078702号

书　　名	**调水工程标准化创建指导手册** DIAOSHUI GONGCHENG BIAOZHUNHUA CHUANGJIAN ZHIDAO SHOUCE
作　　者	水利部南水北调规划设计管理局 南水北调东线江苏水源有限责任公司　编著
出版发行	中国水利水电出版社 （北京市海淀区玉渊潭南路1号D座　100038） 网址：www.waterpub.com.cn E-mail：sales@mwr.gov.cn 电话：(010) 68545888（营销中心）
经　　售	北京科水图书销售有限公司 电话：(010) 68545874、63202643 全国各地新华书店和相关出版物销售网点
排　　版	中国水利水电出版社微机排版中心
印　　刷	北京印匠彩色印刷有限公司
规　　格	170mm×240mm　16开本　9.25印张　161千字
版　　次	2023年4月第1版　2023年4月第1次印刷
印　　数	0001—1000册
定　　价	**68.00**元

编 委 会

主　　编： 鞠连义　姚建文　王彤彤

副主编： 徐　岩　祁　洁　孙　涛

编写人员： 周正昊　何　珊　朱荣进　吴志峰
陈文艳　高媛媛　李　佳　佟昕馨
卞新盛　倪　春　杨红辉　周晨露
杜　威　周　杨　贾　璐　王怡波

序

我国人多水少，水资源时空分布极不均衡且与生产力布局不匹配，供需矛盾尖锐，缺水已成为制约经济社会协调发展的重要因素。实施跨地区、跨流域的调水工程是优化水资源配置，解决水资源供需矛盾的重要手段，是构建水利基础设施网络，实现“空间均衡”的必然要求。中华人民共和国成立以来，在党中央的坚强领导下，我国不断加强水利基础设施建设，建成了一大批引调水工程，特别是十八大以来，以南水北调工程为标志的一批大型调水工程相继建成通水，初步构建了跨区域、跨流域的水资源调配格局，为国家水网建设奠定了重要基础，对实现我国水资源优化配置、促进经济社会持续健康发展、改善生态环境发挥了重要作用。

新发展阶段，加快构建“系统完备、安全可靠，集约高效、绿色智能，循环通畅、调控有序”的国家水网重大工程及推动水利高质量发展的现实需求对调水工程管理提出了更高的要求。为了有效提升水利工程管理水平，保障工程安全，水利部于2022年制定了《关于推进水利工程标准化管理的指导意见》，将原《水利工程管理考核办法》修订为《水利工程标准化管理评价办法》。同时参考已有的堤防、水闸、水库标准，结合调水工程组合性、复杂性、整体性特点，编制了《调水工程标准化管理整体评价标准》《渠道（渡槽）标准化管理评价标准》和《管涵（隧洞、倒虹吸）标准化管理评价标准》，构建了调水工程标准化管理评价体系。

该手册由调水工程标准化管理评价标准参编人员和在工程标准化管理方面经验丰富的管理人员共同编写。书稿内容丰富、图文并茂，解读了调水工程整体和渠道（渡槽）、管涵（隧洞、倒虹吸）两个单项工程的评价标准，明确了调水工程标准化创建的主要工作路径，展示了典型调水工程标准化创建情况，可为各调水工程开展标准化创建工作提供实际指导，对推动提升全国调水工程管理水平具有重要意义。

是为序。

编者

2023年3月

前　言

推进国家水网建设，是国家“十四五”规划纲要作出的重要部署。李国英部长多次指出，提升水资源优化配置能力是推动新阶段水利高质量发展的目标任务之一，实施国家水网重大工程是推动新阶段水利高质量发展六条实施路径之一。调水工程作为国家水网的重要组成部分，既是国家水网重大工程的“纲”，也是国家水网的主骨架和大动脉，提升工程运行管理能力和水平，推进管理规范化、智慧化、标准化，对调水工程高质量发展、加快构建国家水网及发挥水网运行整体效能意义重大。

水利部先后印发《关于推进水利工程标准化管理的指导意见》《水利工程标准化管理评价办法》《调水工程标准化管理评价标准》等相关文件，明确了标准化管理相关要求。据此，水利部南水北调规划设计管理局组织南水北调东线江苏水源有限责任公司等单位在充分调研工程管理现状和实践的基础上编制了本手册，以指导调水工程开展标准化创建，并为调水工程标准化管理评价提供参考。

本手册共6章，主要包括：第1章概述，介绍调水工程总体情况，指出目前管理存在的问题，说明标准化管理的必要性。解读《关于推进水利工程标准化管理的指导意见》和《水利工程标准化管理评价办法》。第2章调水工程标准化管理整体评价标准详解，解读调水工程整体工程标准化管理评价标准，针对评价标准条目，编写条文解读，规程、规范和技术标准等相关依据，以及备查资料。第3章单项工程标准化管理评价标准详解，解读渠道（渡槽）及管涵（隧洞、倒虹吸）单项工程标准化管理评价标准。第4章调水工程标准化创建指导，明确标准化创建工作路径，讲解创建重点内容。第5章调水工程标准化创建案例，介绍典型工程标准化创建情况，总结标准化创建经验。第6章标准化持续建设，明确调水工程在完成水利部标准化管理工程创建后继续提高标准化管理水平的方向。

全手册撰写分工如下，第1章由陈文艳、高媛媛编写，第2章由周正昊、杜威、卞新盛编写，第3章由倪春、佟昕馨、何珊、周杨编写，第4章由杨红辉编写，第5章由周晨露、李佳、吴志峰编写，第6章由朱荣进编写。全书由鞠连义、姚建文、王彤彤任主编，徐岩、祁洁、孙涛任副主编，贾璐、王怡波负责本书的统稿、图片编辑等工作。

调水工程标准化管理工作得到了水利部调水管理司顶层设计和整体协调，本手册在编写过程中得到了江苏省水利厅、山东省水利厅、浙江省水利厅、山东省调水工程运行维护中心、浙江省浙东引水管理中心等单位的大力支持，也得到了匡少涛等业内专家的悉心指导，在此一并表示衷心的感谢！

由于编者水平有限，本手册中难免存在疏漏和不足，敬请专家和广大读者批评指正。

编写组

2023年3月

目　录

第1章　概　　述

1.1　《调水工程标准化管理评价标准》制定背景

1.1.1　全国调水工程总体情况

调水工程是指为满足生活、生产、生态用水需求，实现水资源配置及“空间均衡”兴建的跨流域或跨区域水资源配置工程。我国的基本水情是人多水少、水资源时空分布不均、水供求矛盾突出。兴建必要的调水工程，是优化水资源配置战略格局、实现江河湖库水系连通、缓解资源性缺水问题、提高水安全保障能力的重要举措。将调水工程范围限定为跨流域（水资源三级分区）或跨区域（跨县级行政区）的大中型已建在建工程。经统计，全国已建在建大中型调水工程208项，输水干线总长约3万km，设计年调水能力约1636亿m^3。其中，已建调水工程165项，输水干线总长约2.3万km，设计年调水能力约1353亿m^3；在建工程43项，输水干线总长约0.7万km，设计年调水能力约283亿m^3。

相较于其他水利工程，调水工程具有明显的系统性、组合性、人工性和复杂性特点。党的十八大以来，随着调水工程建设进入了新一轮高潮，尤其是新发展阶段加快构建国家水网的现实需要，对调水工程管理提出了更高要求。为全面加强对全国调水工程的管理职责，2018年9月10日中共中央办公厅、国务院办公厅印发的水利部“三定”方案中增设调水管理司（简称调水司），负责“承担跨区域跨流域水资源供需形势分析，指导水资源调度工作并监督实施，组织指导大型调水工程前期工作，指导监督跨区域跨流域调水工程的调度管理等工作”。调水司成立后，从调水工程信息管理、调水工程运行管理、全国水资源调度等多方面，有力强化了调水工程管理。

1.1.2　全国调水工程管理现状和存在问题

当前，调水工程在优化调整区域水资源时空分布不均衡的格局，大幅增加水资源调控能力方面，取得了许多成效，但仍存在突出问题亟待解决。

目前调水工程取得的成效主要有以下几个方面：

(1) 极大缓解了水资源紧缺形势。目前已建调水工程的年调水规模约1353亿m^3，水资源调配能力大幅提高。以南水北调工程为例，南水北调东、中线一期工程从根本上改变了黄淮海平原的供水格局，40多座大中城市、260余个县（区）用上了长江水，截至2022年12月，累计向北方供水586亿m^3，直接受益人口超1.5亿人，有效提升了受水区城市供水保证率，成为守护城市供水的生命线。

(2) 进一步提高了国民经济快速发展的用水保障水平。调水工程在保障区域用水，促进国民经济可持续发展方面，发挥了重要作用。东深供水工程50多年一直为香港稳定供水，担负着香港用水的70%～80%、深圳用水的50%以上、东莞沿线八镇用水80%左右的供水重任，惠及了2400多万居民，有力保障了经济发展。

(3) 进一步提升了水旱灾害防御能力。2021年，通过实施以流域为单元的科学精细调度水工程，成功抵御了长江、黄河、漳卫河、嫩江、松花江、太湖等大江大河大湖12次编号洪水、571条河流超警以上洪水，有效应对了黑龙江上游、卫河上游特大洪水以及松花江流域性较大洪水，有效应对了超强台风“烟花”登陆北上形成的大范围长历时强降雨洪水，有效应对了特大暴雨洪水对南水北调中线工程的冲击，战胜了黄河中下游自中华人民共和国成立以来最严重秋汛、海河南系漳卫河有实测资料以来最大秋季洪水和汉江7次超过1万m^3/s的秋季大洪水，最大程度保障了人民群众生命财产安全。面对南方地区冬春连旱、西北地区夏旱和华南地区秋冬旱，有力有序有效实施抗旱措施，特别是面对珠江流域东江、韩江60年来最严重旱情，构筑当地、近地、远地供水保障三道防线，精细调度流域骨干水库，确保香港、澳门及珠江三角洲城乡供水安全，大幅减少因灾损失。

(4) 进一步缓解了区域生态环境恶化的严峻形势。调水保障了河湖水量水质，提升了区域生态面貌，进一步提高了区域生态文明建设水平。南水北调东、中线一期工程沿线受水区通过水资源置换、压采地下水、向沿线河流生态补水等方式，有效缓解了城市生产、生活用水挤占农业用水、超采地下水的问题，截至2022年底，东、中线一期工程向京津冀等北方地区累计生态补水超90亿m^3，使河流湿地湖泊重获新生。万家寨引黄工程、引黄入冀补淀工程、牛栏江滇池补水工程等工程为永定河、白洋淀、滇池提供了优质稳定可靠的水源。

调水工程亟待解决的问题主要有以下几个方面：

（1）调水工程顶层设计亟待优化。调水工程是推动习近平总书记“节水优先、空间均衡、系统治理、两手发力”治水思路中“空间均衡”落实落地的重要抓手，也是解决水资源空间分布不均、实现水资源优化配置的有效措施，对国民经济的发展起着至关重要的作用。目前，各地调水工程建设需求高涨，但缺乏统筹考虑，亟须开展调水工程顶层设计，加快谋划跨流域跨区域重大调水工程建设，进一步完善全国水资源空间均衡配置格局。

（2）落实“节水优先”要求不足。强化节水是引调水工程实施的重要前提，目前调水工程在项目论证过程中需水预测准确性不高、科学性不强；对生态环境的影响、技术经济的承受能力等论证与“确有需要、生态安全、可以持续”要求还有一定差距，需进行更充分的论证。

（3）调水工程运行效率参差不齐。外调水与当地水资源相比水价一般较高，存在建设初期配套工程不完善、实际用水需求与设计值有差距等问题。特别是调水主体工程与配套工程不能同步建成、区域水资源形势变化等原因，导致部分工程效益不能充分发挥。

（4）责权利相统一的工程管理体制机制尚未真正形成。责权利相统一的工程管理体制机制要求调水工程利益共享、责任共担、风险共抗。在调水工程法规制度建设方面，存在法规执行程度不一、执行效果差异大的问题。由于当前对水价政策的制定与调整复杂敏感，调水工程水价高低不均，部分工程存在运营成本倒挂。受水区尚未全面推进水价综合改革，外调水和本地水供水价格协调机制难以形成。

（5）标准化、制度化的运管体系建设水平不高。全国大部分调水工程的管理水平，与现代化、智慧化管理要求相比存在较大差距。调水工程不仅涉及水量调配的复杂问题，还涉及涉水利益的有效均衡调控。亟须在行政管理方面协调受水区、水源区水资源供需，同时建立水源区生态补偿机制，实现水源区和受水区的双赢。在运行管理方面，调水工作同样也需要作出必要的制度安排，推进水量调度规范化、工程管理标准化、调度决策智能化等。

（6）调水工程的水量调度制度保障不足。跨流域调水管理的法律法规体系尚未完全建成，亟须制定专门的法律及规范性文件对跨流域调水工程的水资源调度进行规范管理。尤其在建立水源、干线、配套工程及受水区水资源统一管理体制，形成流域协商决策和议事机制，建立水源区环境保护与生态补偿机制等方面。调水工程建成后大多分属地方或企业管理，出于局部利益、部门利益考虑，在运行过程中经常出现流域调度与区域调度存在矛盾，调水与发电、航运、生态用水等存在矛盾，调水与调出区上、下游用水存在矛盾等问题。

1.1.3 标准化建设的必要性

随着我国水利基础设施的不断完善，调水工程综合效益正逐渐显现，但在管理方面的问题也逐渐暴露，这些问题严重影响了调水工程的持续发展。根据国家相关政策及调水工程高质量发展需求，开展标准化管理建设已势在必行。

（1）在国家政策要求方面。近年来，党和国家高度重视标准化工作，习近平总书记指出，“中国将积极实施标准化战略，以标准助力创新发展、协调发展、绿色发展、开放发展、共享发展”。

2021年10月，国务院印发了《国家标准化发展纲要》（简称《纲要》），该《纲要》是中华人民共和国成立以来第一部以党中央、国务院名义颁发的标准化纲领性文件，在我国标准化事业发展史上具有重大里程碑意义。文件指出“标准是经济活动和社会发展的技术支撑，是国家基础性制度的重要方面。标准化在推进国家治理体系和治理能力现代化中发挥着基础性、引领性作用”。

2022年3月水利部发布了《关于推进水利工程标准化管理的指导意见》《水利工程标准化管理评价办法》及其评价标准，要求深入贯彻落实“节水优先、空间均衡、系统治理、两手发力”治水思路，进一步推进水利工程标准化管理，保障水利工程运行安全，保证工程效益充分发挥。

随着国家及水利行业标准化相关文件出台，为规范开展调水工程标准化管理评价工作，水利部制定了《调水工程标准化管理评价标准》以推动调水工程标准化管理发展。

（2）在调水工程高质量发展需求方面。2017年中国共产党第十九次全国代表大会首次提出“高质量发展”的新表述，在党的十九届五中全会上，习近平总书记强调“经济、社会、文化、生态等各领域都要体现高质量发展的要求”。

李国英部长指出，新阶段水利工作的主题为推动高质量发展。推动水利高质量发展，就是要把握好从“有没有”转向“好不好”这个关键，不断拓展和优化水利功能，更好地满足人民群众涉水需求，提高水利公共产品和服务供给的质量、效率和水平。调水工程作为水利工程的一部分，也应当将推动高质量发展作为新阶段工作的主题。

2022年1月，水利部印发《关于实施国家水网重大工程的指导意见》(以下简称《指导意见》)，水利部办公厅印发《“十四五”时期实施国家水网重大工程实施方案》，要求加快构建“系统完备、安全可靠，集约高效、绿色智能，循环通畅、调控有序”的国家水网，着力推动新阶段水利高质量发展。

在调水工程管理过程中存在不少问题，包括管理范围不明确、管理责任不清晰、管理体系不完善、设备设施不完备、技术力量薄弱、管理手段落后、信息化水平低等，这些问题在一定程度上制约了工程效益的发挥，影响调水工程高质量发展。因此，开展调水工程标准化管理建设以解决上述问题不仅是提高工程管理水平、确保工程安全、发挥工程效益的重要手段，更是推动调水工程高质量发展的必然需求。

1.1.4 标准化建设的意义

调水工程作为优化水资源分布的重要工程，是解决局部地区水资源短缺的重要手段。党的十九大提出要加快水利基础设施网络建设，十九届五中全会对实施国家水网重大工程作出战略部署。调水工程作为国家水网的重要组成部分，在缓解水资源紧缺形势，提高国民经济快速发展的用水保障水平，提升水旱灾害防御能力，缓解区域生态环境恶化的严峻形势等方面取得了诸多成效。但也存在顶层设计亟待加强，落实“节水优先”要求不足、运行效率参差不齐、责权利相统一的工程管理体制机制尚未真正形成，标准化、制度化的运管体系建设水平不高，调水工程的水量调度制度保障不足等突出问题。这些问题与新阶段水利高质量发展不相适应。因此，提升工程运行管理能力和水平，推进管理规范化、智慧化、标准化，是推动新阶段水利高质量发展的必然要求，对加快构建国家水网、发挥水网运行整体效能意义重大。

1.2 水利工程标准化管理评价指导文件

1.2.1 指导文件发布背景

新时代提出新要求，加快推进水利工程标准化管理，有效改变水利工程粗放的管理模式，是推动新阶段水利高质量发展，保障水利工程安全的必然要求。

目前，我国已建成由水库、堤防、水闸、灌区、泵站和调水工程组成的水利工程体系，这些水利工程在发挥防洪减灾、供水灌溉、生态保护效益的同时，运行管理方面也存在诸多问题。与新阶段水利高质量发展不相适应，必须加强水利工程运行管理，及时消除安全隐患，守住安全底线，同时，着力提升运行管理能力和水平，努力提高管理规范化、智慧化、标准化。

为深入贯彻落实新阶段水利高质量发展目标任务，加快推进水利工程标准化管理工作，确保工程运行安全和效益持续发挥，水利部于2022年3月印发《关于推进水利工程标准化管理的指导意见》和《水利工程标准化管理评价办法》。

1.2.2 指导思想和总体目标

1. 指导思想

以习近平新时代中国特色社会主义思想为指导，深入贯彻落实“节水优先、空间均衡、系统治理、两手发力”治水思路，坚持人民至上、生命至上，统筹发展和安全，立足新发展阶段、贯彻新发展理念、构建新发展格局，推动高质量发展，强化水利体制机制法治管理，推进工程管理信息化、智慧化，构建推动水利高质量发展的工程运行标准化管理体系，因地制宜，循序渐进，推进水利工程标准化管理，保障水利工程运行安全，保证工程效益充分发挥。

2. 总体目标

“十四五”期间，强化工程安全管理，消除重大安全隐患，落实管理责任，完善管理制度，提升管理能力，建立健全运行管理长效机制，全面推进水利工程标准化管理。2022年底前，省级水行政主管部门和流域管理机构建立起水利工程标准化管理制度标准体系，全面启动标准化管理工作；2025年底前，除尚未实施除险加固的病险工程外，大中型水库全面实现标准化管理，大中型水闸、泵站、灌区、调水工程和3级以上堤防等基本实现标准化管理；2030年底前，大中小型水利工程全面实现标准化管理。

1.2.3 标准化管理要求

水利工程管理单位（以下简称水管单位）要落实管理主体责任，执行水利工程运行管理制度和标准，充分利用信息平台和管理工具，规范管理行为，提高管理能力，从工程状况、安全管理、运行管护、管理保障和信息化建设等方面，实现水利工程全过程标准化管理。

（1）工程状况。工程现状达到设计标准，无安全隐患；主要建筑物和配套设施运行性态正常，运行参数满足现行规范要求；金属结构与机电设备运行正常、安全可靠；监测监控设施设置合理、完好有效，满足掌握工程安全状况需要；工程外观完好，管理范围环境整洁，标识标牌规范醒目。

（2）安全管理。工程按规定注册登记，信息完善准确、更新及时；按规定开展安全鉴定，及时落实处理措施；工程管理与保护范围划定并公告，重要边界界桩齐全明显，无违章建筑和危害工程安全活动；安全管理责任制落实，岗位职责分工明确；防汛组织体系健全，应急预案完善可行，防汛物料管理规范，工程安全度汛措施落实。

（3）运行管护。工程巡视检查、监测监控、操作运用、维修养护和生物防治等管护工作制度齐全、行为规范、记录完整，关键制度、操作规程上墙明示；及时排查、治理工程隐患，实行台账闭环管理；调度运用规程和方案（计划）按程序报批并严格遵照实施。

（4）管理保障。管理体制顺畅，工程产权明晰，管理主体责任落实；人员经费、维修养护经费落实到位，使用管理规范；岗位设置合理，人员职责明确且具备履职能力；规章制度满足管理需要并不断完善，内容完整、要求明确、执行严格；办公场所设施设备完善，档案资料管理有序；精神文明和水文化建设同步推进。

（5）信息化建设。建立工程管理信息化平台，工程基础信息、监测监控信息、管理信息等数据完整、更新及时，与各级平台实现信息融合共享、互联互通；整合接入雨水情、安全监测监控等工程信息，实现在线监管和自动化控制，应用智能巡查设备，提升险情自动识别、评估、预警能力；网络安全与数据保护制度健全，防护措施完善。

1.2.4 主要工作内容

（1）制定标准化管理工作实施方案。省级水行政主管部门和流域管理机构要加强顶层设计，按照因地制宜、循序渐进的工作思路，制定本地区（单位）水利工程标准化管理工作实施方案，明确目标任务、实施计划和工作要求，落实保障措施，有计划、分步骤组织实施，统筹推进水利工程标准化管理工作。

(2) 建立工程运行管理标准体系。省级水行政主管部门和流域管理机构要依据国家和水利部颁布的相关管理制度和技术标准规范，结合工程运行管理实际，梳理工程状况、安全管理、运行管护、管理保障和信息化建设等方面的管理事项，制定标准化管理制度，按照工程类别编制标准化工作手册示范文本，构建本地区（单位）工程运行管理标准体系，指导水管单位开展标准化管理。以县域为单元，深化管理体制改革，健全长效运行管护机制，全面推进小型水库标准化管理，积极探索农村人饮工程标准化管理。

(3) 推进标准化管理的实施。水管单位要根据省级水行政主管部门或流域管理机构制定的标准化工作手册示范文本，编制所辖工程的标准化工作手册，针对工程特点，理清管理事项、确定管理标准、规范管理程序、科学定岗定员、建立激励机制、严格考核评价。

全面推进标准化管理，按规定及时开展工程安全鉴定，深入开展隐患排查治理，加快病险工程除险加固，加强工程度汛和安全生产管理，保障工程实体安全；规范工程巡视检查、监测监控、操作运用、维修养护和生物防治等活动；划定工程管理与保护范围，加强环境整治；健全并严格落实运行管理各项制度，切实强化人员、经费保障，改善办公条件；加强数字化、网络化、智能化应用，不断提升在线监管、自动化控制和预警预报水平，落实网络安全管理责任。

(4) 做好标准化管理评价。水利部制定《水利工程标准化管理评价办法》，明确标准化基本要求和水利部评价标准。省级水行政主管部门和流域管理机构要结合实际，制定本地区（单位）的标准化评价细则及其评价标准，评价内容及其标准应满足水利部确定的标准化基本要求，建立标准化管理常态化评价机制，深入组织开展标准化评价工作。评价结果达到省级或流域管理机构评价标准的，认定为省级或流域管理机构标准化管理工程。通过省级或流域管理机构标准化评价且满足水利部评价条件的，可申请水利部评价。通过水利部评价的，认定为水利部标准化管理工程。

1.2.5 保障措施

(1) 加强组织领导。省级水行政主管部门要加快出台推进水利工程标准化管理的意见（方案），将标准化工作纳入河湖长制考核范围，建立政府主导、部门协作、自上而下的推进机制。选择管理水平较高、基础条件较好的工程或地区先行先试，积累经验、逐步推广。创新工程管护机制，大力推行专业化管护模式，不断提高工程管护能力和水平。流域管理机构要加强流域内水利工程标准化管理的监督指导和评价。

（2）落实资金保障。省级水行政主管部门要落实好《水利工程管理体制改革实施意见》（国办发〔2002〕45号）、《关于切实加强水库除险加固和运行管护工作的通知》（国办发〔2021〕8号）文件的要求，积极与相关部门沟通协调，多渠道筹措运行管护资金，推进水利工程标准化管理建设。

（3）推进智慧水利。省级水行政主管部门和流域管理机构要按照智慧水利建设总体布局，统筹已有应用系统，补充自动化监测监控预警设施，完善信息化网络平台，推进水利工程智能化改造和数字孪生工程建设，提升水利工程安全监控和智能化管理水平。

（4）强化激励措施。地方各级水行政主管部门和流域管理机构要将标准化建设成果作为单位及个人的业绩考核、职称评定等重要依据，对标准化管理取得显著成效的，在相关资金安排上予以优先考虑。中国水利工程优质（大禹）奖评选把水利工程标准化建设成果作为运行可靠方面评审的重要参考。

（5）严格监督检查。各级水行政主管部门和流域管理机构要把标准化管理工作纳入水利工程监督范围，加强监督检查，按年度发布标准化管理建设进展情况，对工作推进缓慢、问题整改不力、成果弄虚作假的，严肃追责问责。加强对标准化评价工作的监督检查，规范操作程序，保障公开、公正、透明，杜绝各种违规违法行为。

1.3 水利工程标准化管理评价办法

1.3.1 评价对象和范围

水利工程标准化管理评价办法（以下简称办法）是按照评价标准对工程标准化管理建设成效的全面评价，主要包括工程状况、安全管理、运行管护、管理保障和信息化建设等方面。

办法适用于已建成运行的大中型水库、水闸、泵站、灌区、调水工程以及3级以上堤防等工程的标准化管理评价工作。其他水库、水闸、堤防、泵站、灌区和调水工程参照执行。

1.3.2 评价组织与流程

水利部负责指导全国水利工程标准化管理和评价，组织开展水利部标准化评价工作；流域管理机构负责指导流域内水利工程标准化管理和评价，组织开展所属工程的标准化评价工作，受水利部委托承担水利部评价的具体工作；省级水行政主管部门负责本行政区域内所管辖水利工程标准化管理和评价工作。

省级水行政主管部门负责本行政区域内所管辖水利工程申报水利部评价的初评、申报工作；流域管理机构负责所属工程申报水利部评价的初评、申报工作；部直管工程由工程管理单位初评后，直接申报水利部评价。

申报水利部评价的工程，由水利部按照工程所在流域委托相应流域管理机构组织评价。流域管理机构所属工程，由水利部或其委托的单位组织评价。

水利部和流域管理机构建立标准化评价专家库，评价专家组从专家库抽取评价专家的人数不得少于评价专家组成员的三分之二；被评价工程所在省（自治区、直辖市）或所属流域管理机构的评价专家不得担任评价专家组成员。

1.3.3 评价通过的标准

水利部评价实行千分制评分。通过水利部评价的单项工程，评价结果总分应达到920分（含）以上，且主要类别评价得分不低于该类别总分的85%。通过水利部评价的工程，认定为水利部标准化管理工程，进行通报。

1.3.4 评价复核与退出

通过水利部评价的工程，由水利部委托流域管理机构每五年组织一次复评，水利部进行不定期抽查；流域管理机构所属工程由水利部或其委托的单位组织复评。对复评或抽查结果，水利部予以通报。省级水行政主管部门和流域管理机构应在工程复评上一年度向水利部提交复评申请。

通过水利部评价的工程，凡出现以下情况之一的，予以取消。

（1）未按期开展复评。

（2）未通过复评或抽查。

（3）工程安全鉴定为三类及以下（不可抗力造成的险情除外），且未完成除险加固。

（4）发生较大及以上生产安全事故。

（5）监督检查发现存在严重运行管理问题。

（6）发生其他造成社会不良影响的重大事件。

第2章　调水工程标准化管理整体评价标准详解

为合理评价调水工程整体运行管理的全过程，特别是体现国家水网建设的要求，调水工程标准化管理整体评价标准分为系统完备、安全可靠、集约高效、绿色智能及循环通畅、调控有序5个类别进行评价，总分1000分。包括：系统完备200分、安全可靠200分、集约高效250分、绿色智能150分、循环通畅调控有序200分。重点突出工程安全、供水安全、水质安全，充分考虑工程统一性、效益可持续性、调度通畅性、信息化赋能等管理需要。此外为体现该标准的引导性作用，对于标准化管理先进做法采用设置加分项的方式予以鼓励，在信息化（4分）、工程效益（4分）、管理措施（2分）等方面设置加分项，加分项共计10分。

2.1　系统完备

系统完备主要分为工程设施、监测基础设施、管理基础设施、信息化基础设施、其他工程设施5个方面，共200分，占比20%。评价内容及要求中工程设施3条80分，监测基础设施4条40分，管理基础设施3条30分，信息化基础设施4条30分，其他工程设施4条20分。

2.1.1　工程设施

1. 评价内容及要求

（1）各建筑物结构完好，无倾斜、塌陷、裂缝、滑塌、不均匀沉降等，外观整洁。

（2）各设备完好，无明显漏油、锈蚀等，运行正常。

（3）工程具备维修养护的条件，养护空间合理，养护设施齐备。

2. 评价指标及赋分

（1）参考单项工程的评价结果。单项工程每出现一项建筑物结构不完好或有缺陷，扣10分，最多扣30分。

（2）参考单项工程的评价结果。水泵、发电机组设备不完备、运行不正常扣 10 分；变配电系统不完备、运行不正常，扣 10 分；闸门及启闭设施不完好、止水不良、启闭不可靠，扣 10 分；工程监控及视频监视系统不完好，扣 10 分。

（3）参考单项工程的评价结果。工程不具备维修养护条件，扣 10 分。

3. 条文解读

（1）调水工程由多个类型的单项工程组成，各建筑物须按照相应单体工程评价标准赋分后，进行总体评价赋分。单项工程主要包括泵站、水库、水闸、堤防、渠道（渡槽）、管涵（隧洞、倒虹吸）等。泵站工程主要评价泵房及周边环境管理、建筑物管理等方面；水库工程主要评价工程面貌与环境、挡水建筑物、泄水建筑物、输（引）水建筑物、管理设施、标识标牌等方面；水闸工程主要评价工程面貌与环境、闸室、上下游河道和堤防、管理设施、标识标牌等方面；堤防工程主要评价堤身、堤防道路、堤岸防护工程、穿堤建筑物、生物防护工程、办公设施和环境、标志标牌等方面；渠道（渡槽）工程主要评价工程面貌与环境、渠（堤）工程、渡槽工程、生物防护工程、管理及防护设施、标识标牌等方面；管涵（隧洞、倒虹吸）工程主要评价工程面貌与环境、管涵工程、隧洞工程、下穿工程、管理及防护设施、标识标牌等方面。调水工程的各单项工程建筑物应结构完好，无倾斜、塌陷、裂缝、滑塌、不均匀沉降等现象，外观整洁，运行正常。

（2）各设备需按照相应单体工程评价标准赋分后，进行总体评价赋分。泵站工程主要评价安全设施设备管理、设备管理等方面；水库工程主要评价金属结构与机电设备、工程监控及视频监视系统等方面；水闸工程主要评价闸门、启闭机及机电设备、工程监控及视频监视系统等方面；堤防工程主要评价工程排水系统、工程监控及视频监视系统等方面；渠道（渡槽）、管涵（隧洞、倒虹吸）工程主要评价工程监控及视频监视系统等方面。

（3）调水工程各单项工程的各类机电、金结、自动化监控、视频监视等设备、系统应完好，运行正常，各项参数及功能满足设计运行需要。

（4）输水工程布置时应考虑必要的检修条件。拟定检修条件时应结合输水建筑物的特点、沿线调蓄水库的分布情况、用水户的依赖程度等，经分析合理确定。必要时检修条件可分段拟定。

4. 规程、规范和技术标准等相关依据

（1）各单项工程评价标准。

(2)《调水工程设计导则》(SL 430)。

5. 备查资料

(1) 单项工程标准化管理评价资料。

(2) 工程设计文件。

(3) 建筑物及设备等级评定资料。

(4) 工程安全鉴定资料。

(5) 工程检查、消缺资料。

(6) 设备调试、试运行、定期检测和试验等资料。

(7) 工程维修养护资料。

(8) 其他反映建筑物及设备运行状况的资料。

2.1.2　监测基础设施

1. 评价内容及要求

(1) 各类水文测报站点设置合理，建筑物稳定完好，设备运行良好；水文测报系统运行正常，数据测量精度、频次以及时效性等技术指标满足要求。

(2) 水质水环境监测设施设置合理，建筑物稳定完好，设备运行良好；水质监测系统运行正常，数据测量精度、频次以及时效性等技术指标满足要求。

(3) 各类工程安全监测项目设置合理，监测设施设备运行良好。

(4) 各类监测数据整编及时、完整、准确，满足要求。

2. 评价指标及赋分

(1) 水文测报站点设置不合理，系统设计功能无法实现，扣5分；各站点建筑物维护不到位、损坏失稳，扣2分，设备损坏无法正常运行，扣2分；水文测报系统运行不正常，数据测量精度、频次或时效性等技术指标无法满足设计要求，扣2分，未按规定实现在线监测，扣3分。

(2) 水质监测站点、监测断面、供水计量设施、水质实验室等设置不合理，系统设计功能无法实现，扣5分；各站点建筑物维护不到位、损坏失稳，扣2分，设备损坏无法正常运行，扣2分；水质监测系统运行不正常，数据测量精度、频次或时效性等技术指标无法满足设计要求，扣2分；取水许可、环评等确定的节约用水、水环境保护设施设备不完备，扣2分，完备但无法正常运行，扣1分。

(3) 主要安全监测项目缺失，不满足工程设计及相关规范要求，扣3

分；监测设施、设备保护不到位，扣2分；未按规定对监测设施进行检查、校验、维护，扣2分。

(4) 监测数据整编不及时，扣2分，整编数据不完整、不准确，扣3分。

3. 条文解读

(1) 调水工程地表水质监测应在取水点、沿线省界、调入区主要支流河口及污染控制单元的控制断面、输水渠道与交叉河流交叉点上游、下游，设置水质监测断面，并建立全线水质风险预警系统。对于水库工程，应按照有关标准设计配置水文自动测报系统，对于输水工程，应设计配置水量自动监测系统。各单体工程应按照相关规范设置环境量、变形、渗流、应力应变温度等各类工程观测设施，根据要求配置安全监测自动化系统，具备数据自动采集、备注、传输、处理和分析功能，观测内容及频次应满足规范要求。

(2) 各类水文、水质站房应稳定完好。站房、仪器房地基无倾斜、裂缝和明显沉降；室内墙体无裂缝、渗漏、掉漆；天花板、门锁、窗户、爬梯无损坏、断裂或其他异常；照明及暖通设施工作正常。各类水文、水质监测和数据传输设备应完好，运行正常，数据测量精度、频次及时效性等能满足设计需求，应定期对监测设施进行检查、校验。

4. 规程、规范和技术标准等相关依据

(1)《调水工程设计导则》(SL 430)。

(2)《水利水电工程水文自动测报系统设计规范》(SL 566)。

(3)《土石坝安全监测技术规范》(SL 551)。

(4)《混凝土坝安全监测技术规范》(SL 601)。

(5)《大坝安全监测系统运行维护规程》(DL/T 1558)。

(6)《大坝安全监测自动化技术规范》(DL/T 5211)。

(7)《堤防工程安全监测技术规程》(SL/T 794)。

(8)《水闸技术管理规程》(SL 75)。

(9)《泵站技术管理规程》(GB/T 30948)。

(10)《地表水自动监测技术规范（试行）》(HJ 915)。

(11)《地表水环境质量标准》(GB 3838)。

5. 备查资料

(1) 调水工程设计文件。

(2) 水文、水质及工程观测资料。

(3) 工程巡视检查资料，包括日常巡查资料、经常性检查资料、定期检查资料、特别检查资料等。

(4) 设备检查及调试资料。

2.1.3　管理基础设施

1. 评价内容及要求

(1) 各类管理设施设置合理、功能齐全；建筑物完好，结构稳定；满足日常管理要求。

(2) 界桩、界碑、警示柱、安全标志、告示牌等齐全整洁有序。

(3) 运行巡查道路完好畅通，路缘石、防撞护栏、里程牌、百米桩等完好齐全。

2. 评价指标及赋分

(1) 各类管理设施的功能和主要技术指标等不满足设计要求，扣 10 分；建筑物维护不到位，存在裂缝、破损、渗漏现象，扣 3 分，结构失稳，扣 5 分；设备损坏无法正常运行，扣 3 分。

(2) 界桩、界碑、警示柱、安全标志、告示牌等缺失，扣 3 分；损坏变形、表面污损，扣 1 分。

(3) 运行巡查道路塌陷损坏，扣 3 分，被占压通行不畅未及时清理，扣 1 分；路缘石、防撞护栏、里程牌、百米桩等缺损，扣 1 分。

3. 条文解读

(1) 此处管理设施指在调水工程各单项工程外，独立建设的工程管理设施。如在不同行政区划或隶属于不同管理单位的，负责调水工程整体或者某一片区工程管理的办公、调度建筑物，管理设施应正常并完好，建筑物不应存在严重裂缝、破损、渗漏现象。调度、办公、生活等涉及的功能和主要技术指标应满足设计要求，各设施设备完好运行正常。

(2) 调水工程各单项工程应按照有关规程，在管理区域内设置必要的工程简介、责任人公示、安全警示等标牌。堤防、渠道、输水河道应设置里程桩分界牌、险工险段及工程标牌、工程简介牌等。设置的标志标牌应规范统一、布局合理、埋设牢固、齐全醒目、内容准确清晰。

(3) 封闭管理的输水渠道、河道、堤防等应设置工程巡查道路，配置里程牌、百米桩、防撞护栏、限速（重）牌、禁行杆等。巡查道路应完好通畅，无塌陷损坏、坑洼积水、杂物占压等导致无法通行、影响巡查等问题。

4. 规程、规范和技术标准等相关依据

（1）各单项工程评价标准。

（2）《堤防工程管理设计规范》（SL/T 171）。

（3）《泵站设计规范》（GB 50265）。

（4）《泵站技术管理规程》（GB/T 30948）。

（5）《水库工程管理设计规范》（SL 106）。

（6）《水闸设计规范》（SL 265）。

（7）《水闸技术管理规程》（SL 75）。

（8）《调水工程设计导则》（SL 430）。

（9）《水利工程运行管理监督检查办法（试行）》。

5. 备查资料

（1）工程巡视检查资料，包括日常巡查资料、经常性检查资料、定期检查资料、特别检查资料等。

（2）设备检查及调试资料。

（3）标识标牌管理台账。

（4）工程维修养护资料。

2.1.4 信息化基础设施

1. 评价内容及要求

（1）信息传输能力满足运行调度、监测、控制等要求。

（2）算力基础设施满足业务应用需求。

（3）机房建设级别满足要求，达到绿色智能标准，配套设施齐全。

（4）机房建设充分考虑后期设备增长，预留冗余空间。

2. 评价指标及赋分

（1）信息传输能力不满足运行调度、监测、控制等要求，扣 7 分。

（2）算力基础设施无法满足业务应用计算、存储以及模型训练和过程推理等需求，扣 7 分。

（3）未根据机房重要性、机房使用性质及管理要求确定建设级别，未按照绿色智能等相关标准开展机房建设，扣 6 分；配套设施配置不全，扣 6 分。

（4）机房建设未考虑后期设备增长，未预留冗余空间，扣 4 分。

（5）建设完善集方案预演、会商研判、应急指挥等于一体的工程会商调度中心，支持大中小屏、多屏联动，支持现地站、各级管理部门视频会商接入，实现多场景一体化展示，加1分。

3. 条文解读

（1）上述条文所指的信息传输能力，指包含专用自建光缆、租用链路、无线传输设备，以及工程调度及控制中心、工程现场内部等所有网络传输设备所形成的信息传输能力。不满足运行、调度、监测、控制等要求主要特指两种情况：一是专用自建光缆、租用链路、无线传输设备等出现传输中断、延迟等现象，导致监测信息和控制信号无法及时传输至特定方，进而影响工程调度的情况；二是按照《数字孪生水利工程建设技术导则（试行）》，工程业务网至上级单位水利业务网链接带宽低于50Mbps的情况。

（2）上述条文所指的算力基础设施主要是指采用私有云、行业云、政务云、独立服务器等形式构建的计算存储等基础服务支撑体系。

（3）机房建设级别应在机房初步设计阶段予以明确，按照《电子信息系统机房设计规范》（GB 50174）相关要求开展机房建设，应配备空调、消防、门禁、监控等机房配套设施。

（4）会商调度中心大中小屏、多屏联动，是指调度中心大屏（电视）、电脑、平板（手机）实现联动。多场景一体化展示，是指对防洪调度、淹没分析、工程运行安全、库区监管、生产运营管理等其中至少两项场景进行一体化展示。

4. 规程、规范和技术标准等相关依据

（1）《数字孪生水利工程建设技术导则（试行）》。

（2）《数字孪生流域建设技术大纲（试行）》。

（3）《水利工程运行管理监督检查办法（试行）》。

（4）《电子信息系统机房设计规范》（GB 50174）。

5. 备查资料

（1）信息化基础设施建设与应用相关资料。

（2）私有云、独立服务器建设项目批复和验收证明，或接入行业云、政务云的准入文件。

（3）调度中心机房初步设计。

2.1.5 其他工程设施

1. 评价内容及要求

（1）各类库房完好，物资储备方式及材料符合国家相关要求，物资齐备。

(2) 隔离网、防护栏杆等工程安全防护设施完好。

(3) 通信基站、设备等完好，通信畅通。

(4) 工程范围内照明系统完好，运行正常。

2. 评价指标及赋分

(1) 库房维护不当，存在破损现象影响使用，扣 4 分；物资储备不满足要求，扣 4 分。

(2) 隔离网、防护栏杆锈蚀、破损或缺失无法封闭，扣 4 分。

(3) 通信基站、设备等损坏，无法正常使用，扣 4 分。

(4) 照明系统故障，扣 4 分。

3. 条文解读

(1) 调水工程输水沿线或重要节点工程应设物资储备仓库或场所，存储运行维护或应急抢险需要的设备工器具、抢险物料、备品备件等物资。仓库或场所应满足相应物资储备条件，仓储的物资应齐全完好，数量满足运行管理或抢险需求。

(2) 调水工程封闭管理的输水沿线或重要节点工程应设隔离网，临水、临空或建筑物交叉部位应设防护栏杆，各类防护设施应完好，形成有效封闭。工程沿线应按照设计要求设置通信基站，配置通信设备，保持设施设备完好，运行正常。沿线或单体工程的照明系统应完好，照度满足夜间巡视或抢修需求。

4. 规程、规范和技术标准等相关依据

(1) 各单项工程评价标准。

(2)《中华人民共和国防洪法》。

(3)《中华人民共和国防汛条例》。

(4)《防汛物资储备定额编制规程》(SL 298)。

(5)《水利工程运行管理监督检查办法（试行）》。

(6) 各设备使用说明书关于备品备件的建议和要求。

5. 备查资料

(1) 工程巡视检查资料，包括日常巡查资料、经常性检查资料、定期检查资料、特别检查资料等。

(2) 物资管理台账。

(3) 设备调试、试运行记录。

(4) 工程维修养护资料。

2.2　安全可靠

安全可靠主要分为安全体系、工程安全、供水安全、水质安全、系统安全5个方面，共200分，占比20%，评价内容及要求中安全体系2条35分，工程安全4条55分，供水安全3条40分，水质安全5条40分，系统安全4条30分。

2.2.1　安全体系

1. 评价内容及要求

（1）安全生产责任体系完善，安全生产责任制落实到位。

（2）建立风险查找、研判、预警、防范、处置、责任等全链条管控机制，定期开展安全隐患排查治理，排查治理记录规范。

2. 评价指标及赋分

（1）安全生产管理机构未设立、组织体系不健全，职责不明确，责任人履职不到位，扣15分。

（2）未按规定开展危险源辨识、风险评价与管控，扣10分；未定期开展隐患排查治理，发现不安全因素或隐患未及时处理，扣10分。

3. 条文解读

（1）设立安全生产管理机构，安全生产组织健全，职责划分明确，人员变化应及时调整；每年按要求与全体员工签订安全生产责任状，不同岗位责任状内容应不同，责任人应根据责任状要求履职到位。

（2）根据水利部相关导则要求开展危险源辨识与风险评价，危险源管控措施全面、到位，每季度至少开展1次；结合内部、外部检查等定期开展隐患排查，及时消除不安全因素、隐患。

4. 规程、规范和技术标准等相关依据

（1）《中华人民共和国安全生产法》。

（2）《水利工程运行管理监督检查办法（试行）》。

（3）《水利水电工程（水库、水闸）运行危险源辨识与风险评价导则（试行）》。

（4）《水利水电工程（水电站、泵站）运行危险源辨识与风险评价导则（试行）》。

（5）《水利水电工程（堤防、淤地坝）运行危险源辨识与风险评价导则（试行）》。

5. 备查资料

（1）安全生产组织及人员设置文件。

（2）安全生产责任状、安全生产管理人员考核表。

（3）危险源辨识与风险评价资料（评价报告、重大危险源报备、动态管理）。

（4）问题动态台账。

（5）隐患排查治理记录。

（6）工程巡视检查资料，包括日常巡查资料、经常性检查资料、定期检查资料、特别检查资料等。

（7）设备台账。

2.2.2 工程安全

1. 评价内容及要求

（1）开展安全生产宣传和培训，安全设施及器具配备齐全并定期检验，安全警示标识、危险源辨识牌等设置规范。

（2）编制安全生产应急预案并完成报备，开展演练。

（3）1年内无较大及以上生产安全事故。

（4）具备应急处置能力，及时合理处置工程安全突发事件。

2. 评价指标及赋分

（1）未按规定开展安全生产宣传、教育、培训，扣5分；安全设施配置不满足规范要求，扣5分；未按规定开展检查、维保、检验，扣5分。

（2）预案、物资、演练等应急准备不充分，扣10分；紧急情况应急响应、处置措施不得当，扣10分。

（3）1年内发生较大及以上生产安全事故，此项不得分。3年内发生一般及以上安全事故，扣15分。

（4）遭遇工程设施损坏等突发事件后，处置不力，并造成严重后果扣5分。

3. 条文解读

（1）定期开展安全生产宣传教育和培训，制定全年安全生产培训计划，培训计划应明确培训的时间、内容、地点、培训对象和主讲人等，培训资料、图片、考核试卷、评估记录等作为备查材料。包括参加省、市、县及兄弟单位组织的安全生产知识培训、消防演习等。

（2）安全生产活动记录齐全，活动记录包括安全生产会议、安全学习、安全检查、安全培训、消防演习等，应写明时间、地点、参加人员和记录人。

（3）按规范配置工程安全设施，如消防设施、电气安全用具、防雷设施等，定期开展检查、维保、校验等，周期符合规定。

（4）根据工程实际编制、修订安全生产各类应急预案，并及时报备，配备的物资应满足规范与应急抢险要求，按要求定期开展预案的培训与演练；遇有紧急情况时根据预案及时启动相应等级的应急响应，并开展应急处置，处置措施及时、得当，有效避免或减少工程设备设施损坏。

（5）近3年无生产安全事故管理单位应提供县级及以上安全生产机构出具的近3年无生产安全事故证明，主管部门出具的证明无效。

（6）根据《水利工程标准化管理评价办法》规定，如1年内发生较大及以上生产安全事故，工程安全这一项将不得分，安全可靠这一类别得分低于总分的85%，导致不满足标准化管理评价要求。3年内发生一般及以上安全事故的，需相应扣分，并需提供事故处理相关资料。

4. 规程、规范和技术标准等相关依据

（1）《中华人民共和国安全生产法》。

（2）《中华人民共和国突发事件应对法》。

（3）《水利工程运行管理监督检查办法（试行）》。

5. 备查资料

（1）安全生产台账（安全生产制度，安全生产宣传活动记录，安全设施检查记录、维保记录、检测报告、检验报告、试验报告等，特种作业人员持证上岗等）。

（2）员工培训台账（计划、考核、评估等）。

（3）应急预案（防汛抗旱预案、反事故预案、现场处置方案）及报备、批复文件。

（4）防汛物资、备品备件管理台账。

（5）防汛物资代储协议、运输协议、调用路线图。

（6）预案培训、演练记录。

（7）应急响应启动、结束文件。

（8）工程检查记录。

（9）问题动态台账。

（10）设备台账。

（11）近 3 年无生产安全事故证明、生产安全事故处理资料。

2.2.3 供水安全

1. 评价内容及要求

（1）供水过程平稳有序，按计划开展，满足受水区需求。

（2）具备有效的供水保障应急措施，及时合理处理防汛险情等突发事件。

（3）具备应急调蓄能力。

2. 评价指标及赋分

（1）发生供水异常中断，一次扣 10 分，最多扣 20 分。

（2）遭遇防汛等突发事件后，处置不力，并造成后果，扣 15 分。

（3）不具备应急调蓄能力，扣 5 分。

3. 条文解读

（1）按计划开展供水，采取措施保障供水安全，如供水过程中工程发生异常并导致供水中断后果，须相应扣分。

（2）供水过程中遭遇防汛等突发事件后，处置及时得当，未造成不良后果的不扣分。

（3）发生供水中断时，工程应具备应急调蓄能力。

4. 规程、规范和技术标准等相关依据

（1）《中华人民共和国突发事件应对法》。

（2）《国家防汛抗旱应急预案》。

（3）《水利工程运行管理监督检查办法（试行）》。

5. 备查资料

（1）供水异常中断情况说明（如有）。

（2）突发事件处理记录。

（3）防汛抢险应急预案。

（4）反事故预案。

2.2.4 水质安全

1. 评价内容及要求

（1）供水水质稳定达标。

（2）制定水质监测方案、操作规程和工作流程等，关键断面水质监测和水质评价满足要求；按规定共享水质监测结果。

（3）开展水源、调水沿线水质巡查，排查风险，发现问题及时上报。开展水面清漂保洁，规范打捞及处置漂浮物。

（4）制定水质突发事件应急预案，按规定报批和备案，定期修订、演练；发生水质突发事件时，及时启动应急预案，并向相关部门报告。

（5）水质突发事件处置及时合理。

2. 评价指标及赋分

（1）供水水质不满足要求，此项不得分。

（2）未开展水质监测、预报预警，扣5分；未按标准或要求进行关键断面水质监测或水质评价，扣2分；无信息共享机制，未按规定共享水质监测结果，扣2分。

（3）未开展水质巡查及风险排查，发现问题未上报，扣5分；未开展水面清漂保洁，规范打捞及处置漂浮物，扣2分。

（4）未制定水质突发事件应急预案，或未报上级主管部门批准、当地政府相关部门备案，扣5分；未定期修订、演练，扣2分。发生水质突发事件时，未及时启动应急预案，采取应急处理措施，扣5分；未向上级主管部门、当地政府相关部门报告，扣2分。

（5）处置水质突发事件不力，扣10分。

3. 条文解读

（1）供水水质应满足要求，根据《水利工程标准化管理评价办法》规定，如水质不达标，水质安全这一项将不得分，安全可靠这一类别得分低于总分的85%，导致不满足标准化管理评价要求。

（2）结合调水工程实际编制水质监测方案、操作规程和工作流程等，根据方案、规程开展水质监测、预报预警。按标准或要求开展关键断面水质监测或水质评价，监测或评价结果按规定进行共享。

（3）根据要求或定期开展水质巡查与风险排查，发现问题及时上报。根据方案打捞水面漂浮物，并落实安全、考勤、考核等措施。

（4）编制或修订水质突发事件应急预案，并向上级主管部门报批，向当地政府备案。定期开展培训、演练，根据水质情况及时启动应急预案，采取应急措施，并向上级主管部门、当地政府报告，应急处置及时得当。

4. 规程、规范和技术标准等相关依据

（1）《中华人民共和国水污染防治法》。

（2）《中华人民共和国环境保护法》。

（3）《中华人民共和国突发事件应对法》。

（4）《中华人民共和国水污染防治法实施细则》。

（5）《水利工程运行管理监督检查办法（试行）》。

5. 备查资料

（1）水质监测方案、操作规程、工作流程。

（2）水质监测或评价记录。

（3）水质监测预报预警记录（如有）。

（4）水质监测结果共享证明材料。

（5）水质巡查及风险排查记录。

（6）打捞方案及安全风险告知、安全教育培训记录、考勤记录、照片等。

（7）水质突发事件应急预案及请示、批复、备案文件。

（8）水质突发事件应急预案培训、演练记录。

（9）水质突发事件处理记录（如有）。

2.2.5 系统安全

1. 评价内容及要求

（1）网络分区分级防护，工控网与业务网采用防火墙等安全措施进行隔离，网络安全事件应急预案完备。

（2）存储、传输和处理的信息保持保密性、完整性和可用性，数据资产得到有效保护。

（3）系统可用率不低于95%。

（4）一般故障24小时内恢复，重大故障72小时内恢复。

2. 评价指标及赋分

（1）网络未做到分区分级防护，工控网与业务网未采用防火墙或其他措施隔离，扣10分。

（2）网络安全事件应急预案不完备，扣5分。

（3）网络环境下存储、传输和处理的信息不能做到保密、完整、可用，扣5分。

（4）工控网与上级单位工控网连接时，未将实时控制区与过程监控区分别连接，未采用防火墙或其他措施进行隔离，或未采取加密措施进行数据传输加密，扣5分。

（5）系统可用率低于95%，扣3分。（系统可用率＝1－全年异常宕机小时数/全年小时数×100%）

(6) 一般故障24小时内未恢复，或重大故障72小时内未恢复，扣2分。

3. 条文解读

(1) 水利信息网主要包括水利卫星网、业务网和工控网。其中工控网应与业务网实现隔离，按照确定的安全保护等级进行保护。工控网应与外界网络物理隔离，以保障工程调度控制的安全运行，相关信息通过单向网闸传输汇集至上级管理机构。

(2) 编制或修订网络安全事件应急预案，应按照要求向有关部门报批或报备。预案内容要齐全、完备，措施要具体，针对性和可操作性要强。

(3) 信息的保密性指严密控制各个可能泄密的环节，使信息在产生、传输、处理和存储的各个环节中不泄漏给非授权的个人和实体。

(4) 信息的完整性指信息在存储或传输过程中保持不被修改、不被破坏、不被插入、不延迟、不乱序和不丢失的特性，保证真实的信息从真实的信源无失真地到达真实的信宿。

(5) 信息的可用性指保证信息确实能为授权使用者所用，即保证合法用户在需要时可以使用所需信息。

(6) 对于系统可用率和故障恢复时间的要求，是按照《水利信息系统运行维护规范》(SL 715) 中规定的最低运行维护服务等级确定的。

4. 规程、规范和技术标准等相关依据

(1)《数字孪生流域建设技术大纲（试行）》。

(2)《水利工程运行管理监督检查办法（试行）》。

(3)《水电站大坝运行安全管理信息系统技术规范》(DL/T 1754)。

(4)《信息安全技术网络基础安全技术要求》(GB/T 20270)。

(5)《水利信息系统运行维护规范》(SL 715)。

5. 备查资料

(1) 网络拓扑图。

(2) 网络安全等级保护相关资料，包括组织、测评报告及备案证明等。

(3) 网络安全事件应急预案及相关手续文件。

(4) 系统维修养护记录。

2.3 集约高效

集约高效主要分为管理机制、管理体系、经费保障、管理措施、社会效益、供水效益、生态效益7个方面，共250分，占比25%。评价内容及要求中管理机制2条30分，管理体系4条45分，经费保障2条40分，管理措施3条40分，社会效益2条30分，供水效益4条40分，生态效益1条25分。

2.3.1 管理机制

1. 评价内容及要求

（1）管理体制顺畅，权责明晰，责任落实。

（2）建立健全各类内部考核激励等机制。

2. 评价指标及赋分

（1）管理体制不顺畅，管理权限不明确，扣25分。

（2）未建立激励、考核、责任追究等机制，扣5分。

3. 条文解读

（1）工程管理单位设立应经上级主管部门批准，单位管理职责明确。

（2）工程管理单位应制定各部门、管辖工程考核办法，坚持“客观公正、科学合理、分级负责、奖惩分明”的原则，开展考核、奖励、责任追究等工作。

4. 规程、规范和技术标准等相关依据

《关于水利工程管理体制改革实施意见》。

5. 备查资料

（1）水利工程管理单位成立批复文件。

（2）目标管理考核办法。

（3）工程管理考核办法。

（4）考核、奖励、责任追究等相关资料。

2.3.2 管理体系

1. 评价内容及要求

（1）管理机构健全，管理职能清晰。

（2）岗位设置合理，人员配备满足管理需要。

（3）管理单位有职工培训计划并按计划落实，人员经培训上岗。

（4）建立健全并不断完善各项管理制度，内容完整，要求明确，按规定明示关键制度和规程。

2. 评价指标及赋分

（1）管理机构不健全，扣10分。

（2）岗位设置与职责不清晰，扣5分；人员配备不合理，扣5分。

（3）未制定职工培训计划，扣2分；未开展业务培训，人员专业技能不足，扣1分。

（4）管理制度不健全，扣10分；针对性和操作性不强，扣5分。

（5）管理制度未落实或执行效果差，扣5分。

（6）需要明示的安全规定、调度规程、岗位设置等关键制度和规程未明示，扣2分。

3. 条文解读

（1）工程管理单位内部机构设置合理，满足功能需要，管理职能明确。

（2）水利工程管理单位应根据实际情况，规范进行岗位设置和岗位定员，坚持"因事设岗，以岗定责，以工作量定员"的原则，技术人员配备满足岗位需要。

（3）单位职工应进行岗前培训，单位应制定年度职工培训计划。培训计划针对工作需要，计划要具体，要明确培训内容、人员、时间、奖惩措施、组织考试（考核）等，职工年培训率不得低于50%。

（4）单位应明示关键制度及相关规程，关键制度及规程应及时更新。

4. 规程、规范和技术标准等相关依据

《水利工程管理单位定岗标准（试行）》。

5. 备查资料

（1）单位设岗定员情况。

（2）配置人员基本情况表。

（3）专业技术岗位持证情况表。

（4）年度培训计划、培训总结等。

（5）学习培训通知、试卷、阅卷评分表等。

（6）规章制度汇编、安全规程、岗位职责分工等。

2.3.3 经费保障

1. 评价内容及要求

（1）按规定确定水价，水费收取正常，补助经费（若有）协调落实。

（2）人员经费、工程维修养护经费及时足额保障，运维、安全等经费专款专用。

2. 评价指标及赋分

（1）未按规定确定水价，扣15分；水费达不到核算成本，具备补助经费而落实不到位，扣5分；水费收取不到位，收缴率小于50%，扣5分。

（2）人员经费、维修养护经费不能及时足额到位，扣10分；相关经费使用不规范，扣5分。

3. 条文解读

（1）水价应经相关发改部门核定。

（2）水费达不到核算成本的，补助经费应落实到位。

（3）水费收缴应及时到位。

（4）人员经费：包括人员及公用经费，应按同级财政部门核定的事业单位人员及公用经费标准核定。纯公益性单位，无收入的，人员及公用经费应全部纳入财政预算、有收入的，不足部分由财政纳入部门预算；准公益性单位收入不足的，不足部分由同级财政或上级主管部门补助；自收自支单位收入足以安排人员及公用经费的，对经营收入、收费收入、其他收入要确定其是否稳定，一般要提供近三年收入情况进行分析确定。

（5）工程维修养护经费：纯公益性单位及准公益性单位的维修养护经费，除省下达的流域性工程维修养护经费外，市、县同级财政或主管部门均应安排一定数额的维修养护经费；经营性单位应根据工程需要，安排一定数额的维修养护经费以保证工程安全运行。

（6）人员经费、工程维修养护经费需提供经批准的近三年的部门或年度预算、有关经费指标通知单和财务收入、支出账及有关报表、按照规定标准测算的有关资料，据此判断经费是否及时、足额到位。

（7）维修养护经费是专项资金，应专款专用，不得截留、挤占、挪作他用，不得弄虚作假、虚列支出。维修养护项目实行专账核算，实行财政报账制的项目，报账和核算时应提供支出明细原始凭证。水利工程维修经费应实行项目管理，项目实施单位应严格按照规定用途使用专项资金，未经批准，不得擅自调整或者改变项目内容，执行中确需调整的，应按一定程序审批同意后方可变更。

4. 备查资料

（1）与用水户签订的供用水协议等。

（2）年度部门预算的批复。

（3）下达年度水利工程维修养护经费的通知。

（4）财政资金批复（如有）。

（5）财税、财务检查及相关审计报告。

（6）相关财务管理制度、会计报表、账册及会计凭证、银行对账单等。

（7）各年度工程维修养护经费、运行管理经费情况表、项目管理卡等。

（8）经济合同。

2.3.4　管理措施

1. 评价内容及要求

（1）重视党建和精神文明建设，职工文体活动丰富；单位内部秩序良好，遵纪守法。

（2）管理措施落实到位，工程确权明确，划定工程管理范围和保护范围，对外沟通畅通。

（3）工程基础资料掌握清晰，编制标准化管理工作手册；档案管理规范，有集中存放场所，资料齐全，存放有序。

2. 评价指标及赋分

（1）不重视党建工作和党风廉政建设，领导班子成员发生违规违纪行为，受到党纪政纪处分，且在影响期内，本项不得分。

（2）单位发生违法违纪行为，造成社会不良影响，本项不得分。

（3）工程未完成确权，扣5分；未划定工程管理范围和保护范围，扣5分。

（4）对外沟通机制不健全导致交叉工程管理不到位，扣15分。

（5）未编制标准化管理工作手册，扣5分；标准化管理工作手册针对性和执行性不强，扣5分。

（6）档案管理不规范，扣5分。

（7）近三年（从上一年算起）获得国家级、省（部）级精神文明单位或先进单位称号的分别加2分、1分，以最高级别奖项为加分标准，此条不重复加分。

3. 条文解读

（1）重视党建工作和党风廉政建设，台账资料齐全。

（2）基层工会组织健全，工会作用充分发挥，职工工会活动丰富，职工参与度高。

（3）领导班子考核合格，成员无违规违纪行为，职工遵纪守法，无违反《治安管理条例》情况，无违法刑拘人员。

(4) 划定工程管理范围和保护范围，划界成果应通过验收并经政府公布。

(5) 管理范围界桩应按水利工程管理范围划定的标准设立。

(6) 交叉工程无产权、土地纠纷，与相关方沟通良好。

(7) 结合工程实际情况，编制标准化管理工作手册，内容应含管辖泵站、水闸、渠道等工程的各项管理行为。

(8) 工程管理单位应严格执行标准化管理工作手册内容，组织架构、岗位设置、岗位标准及岗位职责符合要求；建立健全综合管理、工程管理及安全管理等相关工作制度，并严格参照执行；工程管理各项工作应严格按照规定的流程开展实施；工程管理软件资料按照规定的格式、要求规范填写；应配置工程所需的各类硬件；工程管理单位在管理范围内设置所需的各类标识标牌；工程建筑物及设备管理过程中的运行、维护、检查等符合规定；工程管理单位设备操作、巡视、检修、电气试验、日常养护、工程观测等符合要求。应建立统一数据汇聚、基础支撑服务和多系统联动等信息化平台，实现对工程信息的统一管理和利用；工程管理单位应采用“策划、实施、检查、改进”的“PDCA”[1] 动态循环模式，结合自身特点，构建安全风险分级管控和隐患排查治理双重预防体系；自主建立并保持安全生产标准化管理体系；通过自我检查、自我纠正和自我完善，构建安全生产长效机制，持续提升安全生产绩效。

(9) 档案管理应建立健全相关制度、配置必要的硬件设施、安排专人规范有序管理、各项资料齐全。

(10) 近三年（从上一年算起）获得国家级、省（部）级精神文明单位或先进单位。

4. 规程、规范和技术标准等相关依据

(1)《泵站技术管理规程》(GB/T 30948)。

(2)《水闸技术管理规程》(SL 75)。

(3)《水利工程运行管理监督检查办法（试行）》。

(4)《中央精神文明建设指导委员会关于评选表彰全国文明城市、文明村镇、文明单位的暂行办法》。

5. 备查资料

(1) 单位领导班子近三年考核资料。

(2)“三会一课”、组织生活会、谈心谈话、民主评议党员以及党风廉

---

[1] PDCA 是英语单词 Plan（计划）、Do（执行）、Check（检查）和 Act（处理）的第一个字母，PDCA 循环就是按照这样的顺序进行质量管理，并且循环不止地进行下去的科学程序。

政教育等相关记录。

（3）无犯罪记录证明。

（4）工程管理范围划界图纸及说明，水利行政部门有关工程管理和保护范围划定的公告。

（5）不动产权证统计情况表。

（6）不动产权证证书。

（7）工会工作台账资料。

（8）精神文明创建活动台账资料。

（9）关于上报《×××工程标准化工作手册》的请示（如有）。

（10）关于印发《×××工程标准化工作手册》的通知。

（11）日常管理表单。

（12）档案管理人员持证及培训情况表，档案全引目录，档案日常管理资料。

（13）近三年（从上一年算起）获得的国家级、省（部）级精神文明单位或先进单位称号证明材料。

2.3.5　社会效益

1. 评价内容及要求

（1）加强水文化建设，开展水情教育，宣传节水观念，引导公众增强保护河湖水生态的意识。

（2）充分发挥工程防灾减灾效益。

2. 评价指标及赋分

（1）未结合调水工程和所在流域实际开展水文化建设，扣 5 分；未积极开展节水宣传活动，扣 5 分。

（2）设计具备防灾减灾功能的工程，在发生灾害时未发挥工程防灾减灾效益，扣 20 分。

（3）发挥设计外的其他社会效益，加 2 分。

3. 条文解读

（1）加强组织领导，创新管理体系，强化政策引领，加大资金投入，注重人才培养，加强信息化支撑，充分挖掘水利工程的文化内涵，将工程与其蕴含的文化元素有机融合。

（2）依托水情教育基地、水利科普基地或工程设施等积极开展水情教育。

(3) 积极开展“世界水日”“中国水周”“节约用水周”等相关活动，宣传节水观念。

(4) 设计具有防灾减灾功能的工程，在洪水、干旱等自然灾害发生的年份，正确反映工程实际产生的防灾减灾效益和作用，并获上级有关部门认可。

(5) 发挥设计以外的其他效益，如防灾减灾。

4. 规程、规范和技术标准等相关依据

(1)《“十四五”水文化建设规划》。

(2)《已成防洪工程经济效益分析计算及评价规范》(SL 206)。

(3)《水利建设项目后评价报告编制规程》(SL 489)。

5. 备查资料

(1) 水情教育基地建设与运行管理基本情况。

(2) 基地发展目标及年度工作计划。

(3) 基地开展水情教育手段载体，包括展示场所、网络传播渠道、宣传册、音视频、图片等资料。

(4) 基地开展水情教育活动情况及成果。

(5) 节水宣传活动相关资料。

(6) 发挥设计以外其他效益的证明材料，并获得上级主管部门认可。

(7) 工程设计防灾减灾效益评价报告。

2.3.6 供水效益

1. 评价内容及要求

(1) 工程供水能力达到设计要求。

(2) 为受水区经济增长提供水资源支撑，促进受水区产业结构优化调整。

(3) 工程受益人口、受水区域达到设计要求。

(4) 按时、保质、保量完成年度调水目标。

2. 评价指标及赋分

(1) 工程供水能力未达到设计要求，扣 15 分。

(2) 受水区配套工程不满足供水要求，扣 5 分。

(3) 在设计水平年条件下，工程受益人口或受水区域未达到设计要求，扣 5 分。

(4) 近三年内未能完成年度调水计划安排，有一次扣 5 分，最多扣 15 分。

3. 条文解读

(1) 工程供水能力未达到设计要求，是指在水量消纳能力达到设计要求、用水需求达到设计规模、来水条件好于多年平均、防洪形势利于调水开展、调水计划足额下达的前提条件下，工程由于规划、设计、施工、管理等方面的原因，无法达到设计供水量的情况。

(2) 受水区应建立接受供水的配套工程，通过供水，为受水区经济增长提供水资源支撑，促进产业结构优化调整。

(3) 在设计水平年条件下，统计受益人口和受水区域，应达到设计要求。

(4) 能够按照规定时间，保质保量完成年度调水任务，在评价复核前三年内，无未完成年度调水计划情况。

4. 规程、规范和技术标准等相关依据

(1)《调水工程设计导则》(SL 430)。

(2)《中国南水北调工程效益报告（2020）》。

5. 备查资料

(1) 工程年度调度运行计划或调度方案。

(2) 工程运行相关报表。

(3) 工程年度运行时间及水量统计。

(4) 水行政主管部门出具的受益人口和受水区域证明。

(5) 工程年度调度总结。

2.3.7　生态效益

1. 评价内容及要求

充分发挥设计确定的生态效益，改善受水区环境，提升河湖水质，助力复苏河湖生态环境。

2. 评价指标及赋分

(1) 未实现设计确定的生态效益，扣 25 分。

(2) 发挥设计外的其他生态效益，加 2 分。

3. 条文解读

应能发挥设计确定的生态效益。如通过补水，使受水区地下水水位抬高，河湖水量增加、水质提升、水面面积扩大，恢复受水区生物种群数量和多样性。

4. 规程、规范和技术标准等相关依据

《中国南水北调工程效益报告（2020）》。

5. 备查资料

(1) 工程规划设计相关文件。

(2) 设计确定的相关生态效益发挥证明材料。

(3) 设计以外生态效益发挥的证明材料。

2.4 绿色智能

绿色智能主要分为节能降耗、生态环境保护、信息化平台建设3个方面，共150分，占比15%。评价内容及要求中节能降耗2条15分，生态环境保护4条70分，信息化平台建设4条65分。

2.4.1 节能降耗

1. 评价内容及要求

(1) 工程采用国家推荐的高效节能设备。

(2) 运行管理中，采取节约集约措施，科学调度，优化运行方式，降低能耗。

2. 评价指标及赋分

(1) 未采用节能设施，未采用国家推荐的高效节能设备，扣10分。

(2) 运行管理不符合节约集约要求，存在用水、用电、用油浪费情况，扣5分。

3. 条文解读

(1) 此处所指高效节能设备，包括《国家工业和信息化领域节能技术装备推荐目录（2022年版）》中列入的电动机、变压器、工业锅炉、风机、压缩机、泵、塑料机械、内燃机等设备，未采用该目录中推荐的任何设备，即满足扣分条件。

(2) 存在用水、用电、用油浪费情况，主要指相关设施设备长时间无效运行的情况，不包括主观难以改变的低效率运行情况。

4. 规程、规范和技术标准等相关依据

(1)《国家工业和信息化领域节能技术装备推荐目录（2022年版）》。

(2)《中华人民共和国节约能源法》。

5. 备查资料

(1) 工程运用的高效节能设备清单。

(2) 水、电、煤气、燃油等票据。

2.4.2 生态环境保护

1. 评价内容及要求

(1) 按要求完成各项水土保持和水体污染防治工作，水土保持设施运行正常。

(2) 取水不影响河湖生态流量要求，保证河湖基本生态用水需求。

(3) 按要求修建过鱼等设施或采取其他补救措施。

(4) 按要求制定工程环境保护管理制度并严格执行。

2. 评价指标及赋分

(1) 未采取有效水土保持措施，扣15分；对水土保持设施管理维护不到位，导致功能无法正常发挥，扣5分；未按要求开展相关水体污染防治工作，扣10分；近3年水源区发生重大环境污染事件，扣5分。

(2) 河湖生态用水、下泄流量无法满足要求，扣15分。

(3) 未按建设环评文件要求修建过鱼等设施或采取其他补救措施，扣10分。

(4) 未建立环境保护管理制度，扣5分；未严格废液、废弃物管理，扣3分；噪声超标，扣2分。

3. 条文解读

(1) 此处水土保持措施包括林草措施和工程措施；开展水体污染防治工作，应在相关主管单位或部门规定的职权范围内。

(2) 应按照上级主管部门的批复或要求满足河湖生态用水和下泄流量。

(3) 此处所指环境保护管理制度，以及废液、废弃物、噪声管理，均仅限于工程管理范围内。

4. 规程、规范和技术标准等相关依据

(1)《中华人民共和国水法》。

(2)《中华人民共和国环境保护法》。

(3)《泵站技术管理规程》(GB/T 30948)。

5. 备查资料

(1) 工程运行记录。

(2) 工程管理范围环境保护管理制度。

(3) 废液、废弃物等管理台账。

2.4.3 信息化平台建设

1. 评价内容及要求

（1）建立工程管理信息化平台，应用满足业务应用算法需求的相关信息化模型及工程知识库。

（2）按照数字孪生工程建设要求，实现数据汇聚，并按规定共享数据，满足业务应用算据需求。

（3）建立工程自动化监测预警、防洪预报调度、内部生产管理、安防监控、岸线巡查、查询统计、统一门户等系统或功能。

（4）运用BIM技术开展管理，推进数字孪生工程建设。

2. 评价指标及赋分

（1）未应用工程管理信息化平台，此项不得分。

（2）未按照数字孪生工程建设要求，应用满足业务应用算法需求的相关信息化模型及工程知识库，扣10分。

（3）未按照数字孪生工程建设要求，实现工程全要素、全过程基础数据、监测数据、业务管理数据以及外部共享数据的汇聚，扣5分。

（4）未按水利部规定及时、准确报送调水工程基础信息和动态信息，或资料提交不齐全，扣5分；流量、水位等工程调度数据参数未与上下游、上级相关部门共享，共享时限不满足要求，扣5分；有明确供水水质目标的工程，水质状况未按要求共享，扣5分；未按规定共享其他信息化相关数据，扣2分。

（5）未建立或具备工程自动化监测预警、防洪预报调度、内部生产管理、安防与巡查、门户管理等系统或功能，每项扣3分，最多扣15分；工程信息采集、整编、分析、监控、预警业务应用不全，扣3分。

（6）在管理中未运用BIM技术，扣5分；未推进数字孪生工程建设，扣10分。

（7）完成工程L2级和L3级数据底板建设，自行按需构建水利专业模型、智能模型或可视化模型，自行构建工程知识库并不断积累更新，加1分。

（8）完成数字孪生工程建设，实现工程安全智能分析预警，建立超前精准预报、灾害预警发布、调度模拟预演、预案优化修正等功能，加2分。

3. 条文解读

（1）信息化平台为标准化调水工程提供“算据”和“算法”支撑与服

务，应用信息化平台可以是自建平台或取得上级单位信息化平台应用权限。

（2）应用信息化模型可以是共享水利部、流域管理机构、省级水行政主管部门等单位的各类计算模型，也可以是管理单位自建的水利专业模型、智能模型或可视化模型。其作用必须是支撑工程调度运用、安全监测预警等智慧化模拟需求。

（3）应用工程知识库可以是共享水利部、流域管理机构、省级水行政主管部门等单位的相关知识库，也可以建设工程自身知识引擎和知识库，并构建知识图谱，提供知识检索等功能。

（4）调水工程基础数据为各类调水工程对象的特征属性，主要包括各类建（构）筑物、附属机电设备等水利工程类对象，水文监测站、工程安全监测点、水事影像监视点等监测站（点）类对象，库区、坝区、下游影响区等管理区域类对象，工程运行管理机构、人员、资产、信息化等工程管理类对象。

（5）调水工程监测数据指调水工程通过各类监测感知手段获取的状态属性，主要包括水文监测、工程安全监测、水质监测、水土保持监测、安防监控数据等。

（6）调水工程业务管理数据主要指调水工程管理业务中产生的有关数据，主要包括预报调度、工程安全分析、生产运营、库区监管、会商决策等业务数据。

（7）调水工程外部共享数据主要指调水工程从上级水利部门、地方政府及其他机构共享的数据，主要包括流域水雨情、上级部门下达的调度指令、库区和下游影响区社会经济等数据，以及有关部门共享的突发事件、生态环境、渔业、气象、航运等数据。调水工程应按照有关部门要求，从工程及其所在流域的空间包含与业务协同关系出发，实现水利部、流域管理机构、省级水行政主管部门、水利工程管理单位之间的数据共享。

（8）根据水利部要求及时、准确报送调水工程台账（系统）信息。

（9）L2 级数据底板是在 L1 级基础上进行流域重点区域精细建模，可以与流域管理机构和省级水行政主管部门共建共享，也可以由调水工程管理单位自建；L3 级数据底板在 L1、L2 级数据底板的基础上进行关键局部实体场景建模，重点覆盖重要调水工程坝区、库区及其下游影响区域，应由调水工程管理单位自建。

（10）工程安全智能分析预警，应当在工程安全自动化监测预警的基础上，结合二维/三维可视化场景、应用安全预警模型、安全风险评估模型、安全应急预案本体模型及有关知识，实现对工程安全性态演化的分析预测、对安全隐患的分级预警、对安全风险的情景推演和应急预案与实景情境的同步反馈。

4. 规程、规范和技术标准等相关依据

（1）《数字孪生水利工程建设技术导则（试行）》。

（2）《数字孪生流域建设技术大纲（试行）》。

5. 备查资料

（1）工程信息化平台建设与应用情况介绍。

（2）工程管理信息化平台建设项目批复和验收证明。

（3）上下游外部单位、上级有关单位和部门关于实现相关信息共享的证明函。

（4）工程安全智能分析预警、防洪兴利智能调度、工程智能巡检或险情监测，以及其他智慧化业务功能相关评价、查新或成果鉴定等相关资料。

2.5　循环通畅、调控有序

循环通畅、调控有序主要分为调度体系、调度文件编制、调度实施和总结评估 4 个方面，共 200 分，占比 20%。评价内容及要求中调度体系 2 条 50 分，调度文件编制 2 条 45 分，调度实施 4 条 80 分，总结评估 2 条 25 分。

2.5.1　调度体系

1. 评价内容及要求

（1）明确调度管理责任体系和调度实施责任人，报送主管部门审批或备案。

（2）建立利益相关方参与的调度协商机制，协商结果报主管部门备案。

2. 评价指标及赋分

（1）未建立调度管理责任体系，调度实施责任人不明确，扣 20 分；调度管理责任体系、调度实施责任人未报主管部门审批或备案，扣 5 分。

（2）调度涉及重大调水、重要生态补水、重要利益协调，未建立利益相关方参与的调度协商机制，扣 20 分；协商结果未报主管部门备案，扣 5 分。

3. 条文解读

（1）工程管理单位应建立健全调度管理责任体系，明确调度实施责任人，并报送主管部门审批或备案。当调度责任人有变化时，应及时更新调度管理责任体系，并报主管部门。

（2）水资源调度涉及重大调水、重要生态补水、重要利益协调的，工程管理单位应协调流域管理机构、县级以上水行政主管部门，根据需要建立利益相关方参与的调度协商机制，协商结果报上一级水行政主管部门备案。

4. 规程、规范和技术标准等相关依据

（1）《水资源调度管理办法》。

（2）《南水北调工程供用水管理条例》。

5. 备查资料

（1）调度管理责任体系文件。

（2）调度管理责任体系备案文件，或主管部门批复。

（3）调度协商结果备案文件（若有）。

2.5.2　调度文件编制

1. 评价内容及要求

（1）按照规定编制审批备案调度制度、规程、调度运用方案（计划）。调度规则和要求清晰，调度任务和方式明确。

（2）开展雨水情测报，或建立获得雨水情信息的渠道，支撑调度文件编制。

2. 评价指标及赋分

（1）无调度制度、规程、调度方案和年度调度计划，此项不得分。

（2）调度制度、规程、调度运用方案和年度调度计划未按要求审批或备案，扣 25 分。

（3）未开展雨水情测报，且没有获得雨水情信息的渠道，扣 20 分。

3. 条文解读

（1）按照工程属性，参照对应规程规范编制满足工程调度实际需要的调度制度和规程。

（2）工程管理单位应协调、配合流域管理机构或者县级以上水行政主管部门编制调度方案、年度调度计划，报公布名录的水行政主管部门审批或者备案。

（3）调度方案、年度调度计划应当包括调度起止日期、年度水量分配、调度控制要素、调度管理职责、控制性水工程及其调度、调度预警等内容，明确年度调度目标。

(4) 工程管理单位应开发雨水情测报系统，或与水行政主管部门建立沟通联络机制，及时获取工程沿线雨水情信息。

4. 规程、规范和技术标准等相关依据

(1)《中华人民共和国水文条例》。

(2)《水资源调度管理办法》。

(3)《水库工程管理通则》。

(4)《水库大坝安全评价导则》(SL 258)。

(5)《综合利用水库调度通则》。

(6)《大中型水电站水库调度规范》(GB 17621)。

(7)《大中型水库管理规程》(DB33/T 2103)。

(8)《水利工程运行管理监督检查办法(试行)》。

5. 备查资料

(1) 调度制度、规程。

(2) 调度方案、年度调度计划。

(3) 调度方案审批或备案文件。

(4) 雨水情测预报资料。

2.5.3 调度实施

1. 评价内容及要求

(1) 严格落实调度文件，调度指令执行及时准确，水位、流量控制严格，调度记录完整。

(2) 调度计划调整及时合理，符合程序。

(3) 开展调度执行情况复核自查，各级监督检查发现的问题及时整改到位。

(4) 建立快速反应、综合协调、保障全局、及时预警的应急调度机制，明确应急调度相关部门职责、启动条件、措施，根据需要实施应急调度。

2. 评价指标及赋分

(1) 未严格执行调度规程、方案、计划、指令，扣 20 分；水位流量违规超防汛或设计要求，扣 10 分。

(2) 未及时调整调度计划，扣 5 分，未按程序调整，扣 5 分。

(3) 未编制调度月报，扣 5 分。

（4）调整运用标准或变更运用方式未开展分析论证或安全复核，扣5分；未相应提出运用方案和应急措施，扣5分；未向有权限的主管部门报批，扣5分。

（5）未建立应急调度机制，扣5分；机制责任不清晰，启动条件不明确，实施措施操作性不强，扣5分；

（6）未按要求执行应急调度，扣10分。

3. 条文解读

（1）工程管理单位协调、配合流域管理机构、水行政主管部门在调度管理权限内完成调度方案、年度调度计划的组织实施。

（2）可以根据来水、蓄水、用水过程等情况，在调度管理权限内对年度调度计划进行动态调整。

（3）因年度预测来水与实际来水相差较大等原因，确需对年度调度计划进行重大调整的，由原编制单位提出调整意见，按原程序审批或者备案，纳入调度实施。

（4）按照要求建立应急调度机制，明确应急启动条件、措施和流程。

4. 规程、规范和技术标准等相关依据

（1）《中华人民共和国水法》。

（2）《水资源调度管理办法》。

（3）《水利工程运行管理监督检查办法（试行）》。

（4）《水库工程管理通则》。

（5）《水库大坝安全评价导则》（SL 258）。

（6）《综合利用水库调度通则》。

（7）《大中型水电站水库调度规范》（GB 17621）。

（8）《大中型水库管理规程》（DB33/T 2103）。

5. 备查资料

（1）调度指令及反馈。

（2）调度计划调整报批或备案文件。

（3）执行情况自查文件。

（4）问题整改记录。

（5）应急调度方案。

2.5.4 总结评估

1. 评价内容及要求

（1）按规定定期对工程调度运用情况进行总结，分析调度存在问题，提出解决措施。

（2）按规定开展工程后评价自评工作。

2. 评价指标及赋分

（1）未开展年度工程调度运用总结，扣10分；调度总结未按要求报送，扣5分。

（2）未按规定开展工程后评价自评工作，扣10分。

3. 条文解读

（1）按照要求及时报送工程调度工作总结，全面分析调度实施过程中发生的问题，并提出针对性解决措施。

（2）水利建设项目后评价是水利建设投资管理程序的重要环节，是在项目竣工验收且投入使用后，对照项目立项及建设相关文件资料，与项目建成后所达到的实际效果进行对比分析，总结经验教训提出对策建议。

（3）工程管理单位应在项目竣工验收并投入使用或运营一年后两年内完成后评价自评报告。

4. 规程、规范和技术标准等相关依据

（1）《水资源调度管理办法》。

（2）《水利建设项目后评价管理办法》。

（3）《中央政府投资项目后评价管理办法》。

5. 备查资料

（1）调度工作总结。

（2）工程后评价自评报告。

第3章　单项工程标准化管理评价标准详解

在对调水工程整体评价前，工程所含的水库、水闸、堤防、泵站、渠道（渡槽）、管涵（隧洞、倒虹吸）等6类单项工程均应满足单项工程评价标准。考虑水利部已明确水库、水闸、堤防、泵站4类单项工程评价标准，《调水工程标准化管理评价标准》在提出调水工程整体评价标准的同时，补充编制了渠道（渡槽）及管涵（隧洞、倒虹吸）2类单项工程评价标准。

3.1　工程状况

3.1.1　渠道（渡槽）工程

渠道（渡槽）工程工程状况包括工程面貌与环境、渠（堤）工程、渡槽工程、生物防护工程、管理及防护设施、标识标牌6个方面，共230分，占比23%。评价内容及要求中工程面貌与环境2条25分，渠（堤）工程6条70分，渡槽工程4条70分，生物防护工程3条20分，管理及防护设施4条30分，标识标牌3条15分。

3.1.1.1　工程面貌与环境

1. 评价内容及要求

（1）工程整体完好、安全和正常运行，输水畅通。

（2）管理范围内无杂物堆放、无淤积、无违章建筑和危害工程安全的活动。

2. 评价指标及赋分

（1）工程破损严重，无法安全、正常运行，本项不得分。

（2）工程存在部分缺陷，但能按设计运行，扣10分。

（3）管理范围内堆放杂物，环境不美观，扣5分；有违章建筑和危害工程安全的活动，扣10分。

3. 条文解读

渠道（渡槽）工程应整体完好，没有破损，能够正常完成输水任务，且工程管理范围内环境整洁，无违章建筑和危害工程安全活动。

4. 规程、规范和技术标准等相关依据

(1)《堤防工程养护维修规程》(SL 595)。

(2)《水利工程运行管理监督检查办法（试行）》。

(3)《大型输水渠道工程养护管理规程》。

5. 备查资料

(1) 建筑物等级评定资料。

(2) 工程建筑物检查资料。

(3) 工程维修养护资料。

(4) 其他反映建筑物状况的资料。

3.1.1.2 渠（堤）工程

1. 评价内容及要求

(1) 渠（堤）顶、渠（堤）肩、道口等应平整、坚实、无杂草弃物。

(2) 渠（堤）坡应保持设计坡度，坡面平顺，无雨淋沟、陡坎、洞穴、陷坑、杂物等；戗台（平台）应保持设计宽度，台面平整，平台内外缘高度差符合设计要求。

(3) 护坡应保持坡面平顺，混凝土或砌块结构完好，砌缝紧密，无松动、塌陷、脱落、架空等现象，无杂草、杂物，保持坡面整洁完好；渠（堤）坡无害堤动物洞穴和活动痕迹。

(4) 底板无裂缝、破损，排水沟、逆止阀等排水设施完好、畅通；防渗设施保护层完好。

(5) 护堤地边界明确，地面平整，无杂物。

(6) 穿渠、跨渠建筑物符合安全运行要求，渠身与建筑物联结可靠，接合部无隐患。

2. 评价指标及赋分

(1) 渠（堤）顶、渠（堤）肩、道口等存在塌陷、开裂、隆起等严重损坏现象，扣4分；存在其他破损现象，扣3分；存在杂草弃物，扣1分。

(2) 渠（堤）坡不满足设计坡度，扣10分；坡面凹凸起伏，存在雨淋沟、陡坎、洞穴、陷坑、杂物等，扣10分；戗台（平台）不满足设计要求，台面起伏不平，平台内外缘高度差超过设计要求，扣2分。

(3) 护坡起伏不顺直，混凝土或砌块结构破损，砌缝张裂，护砌存在松动、塌陷、脱落、架空等现象，扣7分；坡面存在杂草、杂物，坡面整洁污损，扣1分；渠（堤）坡存在害堤动物洞穴和活动痕迹，扣5分。

（4）底板存在裂缝、破损，扣2分；排水设施破损，扣3分；排水不畅，扣2分；防渗设施保护层破损，扣5分。

（5）护堤地边界不清，扣2分；地面凹陷隆起，扣3分；存在明显杂物，扣3分。

（6）穿渠、跨渠建筑物不符合安全运行要求，扣7分。

3. 条文解读

（1）堤防养护应做到对堤防进行经常保养和防护，及时修补表面缺损，保持堤防的完整、安全和正常运用。

（2）渠道无淤堵，渠道内无杂草、杂物、垃圾、漂浮物等，水流流态正常，无冒泡、旋涡、渗水等现象；渠道管理范围内无违章建筑和危害工程安全的活动。

（3）堤顶、堤肩及道口等养护应做到平整、坚实、无杂草、无弃物。

（4）堤顶养护应做到堤线顺直、饱满平坦，无车槽，无明显凹陷、起伏，平均每5m长堤段纵向高差不应大于0.1m。

（5）堤肩养护应做到无明显坑洼堤肩线平顺规则堤肩宜植草防护。堤坡应保持设计坡度，坡面平顺，无雨淋沟、陡坎、洞穴、陷坑、杂物等。戗台（平台）应保持设计宽度，台面平整，平台内外缘高度差符合设计要求。堤坡、戗台（平台）出现局部残缺和雨淋沟等，应按原设计要求修复，所用土料应符合筑堤土料要求，并应进行夯实、刮平处理。堤脚线应保持连续、清晰。

（6）散抛石、砌石、混凝土护坡养护应保持坡面平顺、砌块完好，砌缝紧密，无松动、塌陷、脱落、架空等现象，无杂草、杂物，保持坡面整洁完好。

4. 规程、规范和技术标准等相关依据

（1）《堤防工程养护修理规程》（SL 595）。

（2）《堤防工程设计规范》（GB 50286）。

（3）《大型输水渠道工程养护管理规程》。

5. 备查资料

（1）工程巡视检查资料，包括日常巡查资料、经常性检查资料、定期检查资料、特别检查资料等。

（2）工程台账或缺陷台账或问题台账。

3.1.1.3 渡槽工程

1. 评价内容及要求

（1）进出口、槽身段混凝土结构完好，无裂缝、剥蚀、渗漏和碳化等情况；无钢筋露筋、锈蚀；水流顺畅，无杂物堆积，流态平稳，无异常冲刷；分缝止水及防渗结构完好无渗漏。

（2）支墩、墩台混凝土结构完好，无裂缝、剥蚀、渗漏和碳化等情况；无钢筋露筋、锈蚀；支墩无严重冲刷，基础周边回填土无沉陷或空洞。

（3）支座完好，无变形错位。

（4）工作桥、栏杆及防护门完好。

2. 评价指标及赋分

（1）进出口、槽身段混凝土结构损坏，存在明显裂缝、剥蚀、渗漏和碳化等情况，扣 15 分；存在钢筋露筋、锈蚀现象，扣 3 分；存在杂物堆积，输水不畅，流态不良，存在异常冲刷现象，扣 5 分；分缝止水及防渗结构损坏，存在严重渗漏，扣 5 分。

（2）支墩、墩台混凝土结构损坏，存在明显裂缝、剥蚀、渗漏和碳化等情况，扣 18 分；存在钢筋露筋、锈蚀现象，扣 3 分；支墩存在严重冲刷，基础周边回填土存在沉陷或空洞，扣 8 分。

（3）支座破损，扣 5 分；存在变形错位现象，扣 3 分。

（4）工作桥、栏杆及防护门存在损坏缺陷，扣 5 分。

3. 条文解读

渡槽工程应保持工程结构完好，无裂缝、剥蚀、渗漏和严重碳化等情况；钢筋不应存在露筋、锈蚀等情况；砌体结构砌块无断裂、松动，砌缝未脱开、变形；水流顺畅，流态平稳无杂草、树木等漂浮物堵塞。

4. 规程、规范和技术标准等相关依据

《渡槽技术管理规程》（T/CHES 37）。

5. 备查资料

（1）工程巡视检查资料，包括日常巡查资料、经常性检查资料、定期检查资料、特别检查资料等。

（2）工程台账或缺陷台账或问题台账。

（3）渡槽安全鉴定资料（如有）。

3.1.1.4 生物防护工程

1. 评价内容及要求

（1）渠（堤）坡草皮整齐无缺失，无杂草，保持完整美观。

（2）工程管理范围内林木种类、布局及成活率符合要求。

（3）易产生工程隐患的植物、动物风险的地区，应采取相应的防护措施。

2. 评价指标及赋分

（1）渠（堤）坡草皮缺失，扣6分；存在大量杂草未及时清理，扣3分；草皮未及时修剪，不美观，扣1分。

（2）工程管理范围内林木成活率不满足要求，扣3分；树木养护不到位，存在严重病虫害现象，扣2分。

（3）工程管理范围内存在当地具有潜在健康风险或易产生工程隐患的植物、动物，如夹竹桃、白蚁、田鼠、红火蚁等，扣5分。

3. 条文解读

（1）草皮护坡应经常修整、清除杂草，保持完整美观；干旱时，宜适时洒水养护。

（2）经常防治树木病虫害，合理疏枝，形成分布均匀的树冠，清除遭受病虫害致死的树株。

（3）林木缺损率宜小于5%。

（4）对于树木缺损较多的林带，应适时补植或改植其他适宜。

（5）及时发现并处理工程管理单位内潜在的健康风险或易产生工程隐患的动植物。

4. 规程、规范和技术标准等相关依据

（1）《堤防工程养护修理规程》（SL 595）。

（2）《水利工程运行管理监督检查办法（试行）》。

5. 备查资料

工程巡视检查资料，包括日常巡查资料、经常性检查资料、定期检查资料、特别检查资料等。

3.1.1.5　管理及防护设施

1. 评价内容及要求

（1）办公、生产和辅助用房等建筑物结构安全，内外墙完好无裂缝、洇湿，屋顶完好无漏雨。

（2）防汛物资、备用电源、通信设施、交通工具、维修养护设备、供水及消防设施、照明设施等完好、有效。

（3）场区排水系统完好，排水顺畅。

（4）隔离网、防护栏杆完好无锈蚀。

2. 评价指标及赋分

(1) 办公、生产和辅助用房等建筑物结构失稳，存在安全隐患，扣10分；存在内外墙破损、裂缝、掉皮，门窗损坏等现象，扣1分；建筑物存在洇湿、渗漏现象，屋顶损坏存在漏雨现象，扣1分。

(2) 防汛物资缺失、仓储不到位，扣3分；备用电源故障无法运行，扣2分；通信设施故障，扣2分；交通工具、维修养护设备损坏缺失，扣2分；供水及消防设施损坏，扣3分；照明设施故障较多，扣1分。

(3) 场区排水系统无法运行，扣2分；排水达不到要求，扣1分。

(4) 隔离网、防护栏杆缺失无法封闭，扣1分，锈蚀、破损，扣1分。

3. 条文解读

(1) 管理设备设施无缺陷，如建筑物不均匀沉降、错台、裂缝，内外墙装饰层（砖）开裂、空鼓、隆起、脱落或吊顶损坏，屋顶漏雨、内墙洇湿；通风、空调设备不存在故障或安装不牢固；场区排水系统无淤堵、破损、排水不畅。

(2) 防汛物资按照相关规定要求储存充足，仓库或场所应满足相应物资储备条件。

(3) 重要节点工程应设隔离网，临水、临空或建筑物交叉部位应设防护栏杆，各类防护设施应完好，形成有效封闭。

4. 规程、规范和技术标准等相关依据

(1)《堤防工程养护修理规程》(SL 595)。

(2)《水利工程运行管理监督检查办法（试行）》。

(3)《堤防工程设计规范》(GB 50286)。

(4)《渡槽技术管理规程》(T/CHES 37)。

(5)《大型输水渠道工程养护管理规程》。

5. 备查资料

(1) 工程巡视检查资料，包括日常巡查资料、经常性检查资料、定期检查资料、特别检查资料等。

(2) 工程维修养护资料。

(3) 工程台账或缺陷台账或问题台账。

(4) 防汛物资台账。

3.1.1.6 标识标牌

1. 评价内容及要求

(1) 标识牌位置合适，无缺损，牌面清洁。

(2) 标语清晰醒目，内容全面准确。

(3) 公里桩、百米桩、分界桩、拦路墩、禁行杆等设施无缺损，埋设牢固。

2. 评价指标及赋分

(1) 标识牌缺损，扣2分；位置设置不当，扣1分；标牌表面污损，扣1分。

(2) 标牌内容有误、更新不及时或者不全面，扣3分；标语不醒目，扣1分。

(3) 公里桩、百米桩、分界桩、拦路墩、禁行杆等设施缺失，扣5分；设置不牢固，存在损坏现象，扣2分。

3. 条文解读

(1) 堤防、渠道、输水河道应设置里程桩分界牌、险工险段及工程标牌等。

(2) 设置的标志标牌应规范统一、布局合理、埋设牢固、齐全醒目、内容清晰、表面整洁。

4. 规程、规范和技术标准等相关依据

(1)《水利工程运行管理监督检查办法（试行）》。

(2)《大型输水渠道工程养护管理规程》。

5. 备查资料

(1) 工程巡视检查资料，包括日常巡查资料、经常性检查资料、定期检查资料、特别检查资料等。

(2) 标识标牌管理台账。

(3) 工程维修养护资料。

3.1.2 管涵（隧洞、倒虹吸）工程

管涵（隧洞、倒虹吸）工程工程状况包括工程面貌与环境、管涵工程、隧洞工程、下穿工程、金属结构与机电设备、管理及防护设施、标识标牌7个方面，共230分，占比23%。评价内容及要求中工程面貌与环境2条25分、管涵工程4条55分、隧洞工程3条55分、下穿工程3条20分、金属结构与机电设备3条30分，管理及防护设施5条30分、标识标牌3条15分。

3.1.2.1 工程面貌与环境

1. 评价内容及要求

(1) 工程整体完好、安全和正常运行，输水畅通。

(2) 管理范围内无杂物堆放，无违章建筑和危害工程安全的活动。

2. 评价指标及赋分

(1) 工程破损严重，无法安全、正常运行，此项不得分。

(2) 工程存在部分缺陷，但能按设计运行，扣10分。

(3) 管理范围内堆放杂物，环境不美观，扣5分；有违章建筑和危害工程安全的活动，扣10分。

3. 条文解读

管涵（隧洞、倒虹吸）工程应整体完好，没有破损，能够正常完成输水任务，且工程管理范围内环境整洁，无违章建筑和危害工程安全活动。

4. 规程、规范和技术标准等相关依据

(1)《水利工程运行管理监督检查办法（试行）》。

(2)《中华人民共和国水法》。

(3)《南水北调工程供用水管理条例》。

5. 备查资料

(1) 建筑物等级评定资料。

(2) 工程巡视检查资料，包括日常巡查资料、经常性检查资料、定期检查资料、特别检查资料等。

(3) 工程维修养护资料。

(4) 其他反映建筑物状况的资料。

3.1.2.2 管涵工程

1. 评价内容及要求

(1) 管（涵）顶防护设施完好，无大量渣土、石堆等堆积现象。

(2) 管（涵）身附近填土完好，无洇湿、塌陷、冲刷坑。

(3) 管（涵）身段或结构缝无渗水，PCCP管道无断丝；相邻管（涵）节移动、错位在允许范围，防渗、防腐材料完好。

(4) 通气孔、检修孔等完好，保水堰、连接井、检修孔、通气孔等园区围墙或隔离网完好。

2. 评价指标及赋分

(1) 管（涵）顶防护设施严重沉陷、损坏、冲毁，顶部裸露，扣10分；管（涵）顶存在大量渣土、石堆等堆积现象，扣2分。

(2) 管（涵）身附近填土出现洇湿，局部出现小面积塌陷，扣2分；管（涵）身附近填土出现饱和状态，或出现大面积塌陷，扣10分；管（涵）身及两侧50m范围内出现冲刷坑，扣4分。

(3) 管（涵）身段或结构缝渗水，扣5分；相邻管（涵）节移动、错位变形超出允许值，扣5分；管（涵）节之间聚脲、碳纤维布等防渗、防腐材料局部脱落、开裂，扣3分；PCCP管道断丝，扣4分。

（4）暗涵、PCCP管等的通气孔、检修孔等损坏，扣3分；保水堰、连接井、检修孔、通气孔等园区围墙破损、裂缝或隔离网缺失、锈蚀，扣2分；保水堰、连接井、检修孔、通气孔等周边地面塌陷，扣5分。

3. 条文解读

管涵工程整体结构完好，防护设施完好，墙体无裂缝，无渗水、冲刷、塌陷、土石堆积等现象。

4. 规程、规范和技术标准等相关依据

《水利工程运行管理监督检查办法（试行）》。

5. 备查资料

（1）工程巡视检查资料，包括日常巡查资料、经常性检查资料、定期检查资料、特别检查资料等。

（2）工程安全监测资料。

（3）工程维修养护资料。

（4）工程台账或缺陷台账或问题台账。

（5）工程评定级资料。

3.1.2.3　隧洞工程

1. 评价内容及要求

（1）进出口边坡稳定完好。

（2）隧洞支护结构完好，排水系统完好，排水正常，地表及洞口边坡无明显变形、渗水、涌水或滑坡等现象；封堵体完好无裂缝、变形和明显渗水情况。

（3）隧（涵）洞沿线无引起地质、地貌明显变化的自然和人为活动。

2. 评价指标及赋分

（1）进出口边坡垮塌，扣15分；进出口边坡不稳定（如防护结构松动脱落等），扣5分。

（2）隧洞支护结构损坏，存在变形、裂缝、错位、渗水、腐蚀、析钙等现象，扣10分；排水系统损坏，排水不畅，扣5分；地表及洞口边坡存在明显变形、渗水、涌水或滑坡等现象，扣10分；封堵体破损、存在明显渗水情况，扣5分。

（3）隧（涵）洞沿线存在引起地质、地貌明显变化的自然和人为活动，扣5分。

3. 条文解读

(1) 进出口边坡稳定，无垮塌，渗漏量在设计允许值内。

(2) 巡视检查应包括下列内容：①支护结构，包括变形、裂缝、错位、渗水、腐蚀、析钙等；②排水系统，包括排水孔工作状况、排水量及水质变化等；③地表及洞口边坡，包括地表变形、渗水或涌水以及滑坡等；④封堵体，包括变形和渗水情况。

4. 规程、规范和技术标准等相关依据

(1)《水利工程运行管理监督检查办法（试行）》。

(2)《水工隧洞安全监测技术规范》(SL 764)。

5. 备查资料

(1) 工程巡视检查资料，包括日常巡查资料、经常性检查资料、定期检查资料、特别检查资料等。

(2) 工程安全监测资料。

(3) 工程维修养护资料。

(4) 工程台账或缺陷台账或问题台账。

(5) 工程评定级资料。

3.1.2.4 下穿工程

1. 评价内容及要求

(1) 进出口翼墙沉降、位移、倾斜满足要求，进出口平台完好，无沉陷、开裂现象，进出口与渠堤衔接部位完好，无冲刷掏空、塌陷。

(2) 进出口翼墙排水管完好、畅通，进出口连接段畅通无淤堵，管身内部无渗漏水。

(3) 管身段相邻管节内部无不均匀沉降，管身段附近回填土无塌陷现象。

2. 评价指标及赋分

(1) 进出口翼墙沉降、位移、倾斜超出允许值，扣5分；进出口平台存在沉陷、开裂现象，扣2分；进出口与渠堤衔接部位出现冲刷掏空、塌陷现象，扣4分。

(2) 进出口翼墙排水管损坏、堵塞，扣1分；进出口连接段排水不畅，堵塞淤积，扣1分；管身内部或结构缝渗水，扣2分；管节之间聚脲、碳纤维布等防渗材料局部脱落、开裂，扣2分。

(3) 管身段相邻管节内部存在不均匀沉降，扣2分；管身段附近回填土严重塌陷，扣1分。

3. 条文解读

下穿工程整体结构完好，进出口段翼墙完好，排水通常，连接段无淤堵，管身内部无渗水，相邻管节内部无不均匀沉降。

4. 规程、规范和技术标准等相关依据

《水利工程运行管理监督检查办法（试行）》。

5. 备查资料

（1）工程巡视检查资料，包括日常巡查资料、经常性检查资料、定期检查资料、特别检查资料等。

（2）工程安全监测资料。

（3）工程维修养护资料。

（4）工程台账或缺陷台账或问题台账。

（5）工程评定级资料。

3.1.2.5　金属结构与机电设备

1. 评价内容及要求

（1）闸门及启闭机设施完好，运行正常。

（2）门槽、钢丝绳、螺杆、液压部件、支座、止水正常，电气设备、供电电源正常，备用电源保障条件良好。

（3）启闭机房满足运行要求，定期进行闸门、启闭机安全检测与设备等级评定。

2. 评价指标及赋分

（1）闸门及启闭设施存在变形、锈蚀问题，门槽结构、钢丝绳、螺杆、液压部件、行走支承、止水封条、限位装置存在缺陷，扣10分。

（2）启闭机、电气设备、供电和备用电源存在老化、漏电、漏油、不稳定问题，扣10分。

（3）启闭机房不完整、启闭设备未得到有效保护，或启闭机房破损，扣5分。

（4）未定期开展闸门、启闭机安全检测及设备等级评定，扣5分。

3. 条文解读

各类机电、金结、自动化等设备、系统应完好，运行正常，各项参数及功能满足设计运行需要。按要求定期开展评定级工作。

4. 规程、规范和技术标准等相关依据

（1）《水利工程运行管理监督检查办法（试行）》。

（2）《倒虹吸工程技术管理规程》（T/CHES 64）。

5. 备查资料

（1）工程巡视检查资料，包括日常巡查资料、经常性检查资料、定期检查资料、特别检查资料等。

(2) 工程维修养护资料。

(3) 工程台账或缺陷台账或问题台账。

(4) 工程评定级资料。

3.1.2.6 管理及防护设施

1. 评价内容及要求

(1) 办公、生产和辅助用房等建筑物结构安全，内外墙完好，无裂缝、洇湿，屋顶完好、无漏雨。

(2) 防汛物资、备用电源、通信设施、交通工具、维修养护设备、供水及消防设施、照明设施等完好、有效。

(3) 场区排水系统完好，排水顺畅。

(4) 隔离网、防护栏杆完好无锈蚀。

(5) 配备有毒有害气体检测设备。

2. 评价指标及赋分

(1) 办公、生产和辅助用房等建筑物结构失稳，存在安全隐患，扣10分；存在内外墙破损、裂缝、掉皮，门窗损坏等现象，扣1分；建筑物存在洇湿、渗漏现象，屋顶损坏存在漏雨现象，扣1分。

(2) 防汛物资缺失、仓储不到位，扣3分；备用电源故障无法运行，扣2分；通信设施故障，扣2分；交通工具、维修养护设备损坏缺失，扣2分；供水及消防设施损坏，扣3分；照明设施故障，扣1分。

(3) 场区排水系统故障无法运行，扣2分；排水达不到要求，扣1分。

(4) 隔离网、防护栏杆缺失无法封闭，扣1分，锈蚀、破损，扣1分。

3. 条文解读

(1) 办公、生产和辅助用房的结构安全；防汛物料、备用电源、通信设施、交通工具、维修养护设备、供水及消防设施、照明设施等完好、有效。

(2) 重要节点应设隔离网，临水、临空或建筑物交叉部位应设防护栏杆，各类防护设施应完好，形成有效封闭。

4. 规程、规范和技术标准等相关依据

(1)《水利工程运行管理监督检查办法（试行）》。

(2)《堤防工程设计规范》(GB 50286)。

(3)《大型输水渠道工程养护管理规程》。

(4)《堤防工程维修养护规程》(SL 595)。

5. 备查资料

(1) 工程巡视检查资料，包括日常巡查资料、经常性检查资料、定期检查资料、特别检查资料等。

（2）设备检查及调试资料。

3.1.2.7 标识标牌

1. 评价内容及要求

（1）标识牌位置合适，无缺损，牌面清洁。

（2）标语清晰醒目，内容全面准确。

（3）公里桩、百米桩、分界桩、拦路墩、禁行杆等设施无缺损，埋设牢固。

2. 评价指标及赋分

（1）标识牌缺损，扣2分；位置设置不当，扣1分；标牌表面污损，扣1分。

（2）标牌内容有误、更新不及时或者不全面，扣3分；标语不醒目，扣1分。

（3）公里桩、百米桩、分界桩、拦路墩、禁行杆等设施缺失，扣5分；设置不牢固，存在损坏现象，扣2分。

3. 条文解读

（1）合理设置标识标牌，并确保标识标牌规范统一、布局合理、埋设牢固、齐全醒目、内容清晰、表面整洁。

（2）应按要求合理设置公里桩、百米桩、分界桩等，并确保界桩设置牢固无损坏。

4. 规程、规范和技术标准等相关依据

（1）《水利工程运行管理监督检查办法（试行）》。

（2）《大型输水渠道工程养护管理规程》。

5. 备查资料

（1）工程巡视检查资料，包括日常巡查资料、经常性检查资料、定期检查资料、特别检查资料等。

（2）标识标牌管理台账。

（3）工程维修养护资料。

3.2 安全管理

3.2.1 渠道（渡槽）工程

渠道（渡槽）工程安全管理包括工程划界、安全鉴定、防汛管理、安全生产4个方面，共280分，占比28%。评价内容及要求中工程划界3条50分，安全鉴定2条55分，防汛管理7条85分，安全生产9条90分。

3.2.1.1 工程划界

1. 评价内容及要求

（1）按照规定，划定工程管理范围和保护范围。

（2）管理范围设置明显界桩、公告牌和警示标志。

（3）管理范围内无违规建设行为，禁止倾倒、堆放、排放影响工程安全运行或污染水体的有毒物、废弃物；禁止打井、爆破、立窑、开采、葬坟、取土等行为。

2. 评价指标及赋分

（1）未完成工程管理范围划定，此项不得分。

（2）工程保护范围划定率不足50%，扣10分，未划定，扣25分。

（3）工程管理范围界桩、公告牌和警示标志设置不合理、不齐全，扣10分。

（4）管理范围内存在违规建设行为或危害工程安全运行行为，扣15分。

3. 条文解读

（1）根据《水利工程标准化管理评价办法》规定，如工程管理范围未划定，工程划界这一项将不得分，安全管理这一类别得分低于总分的85%，导致不满足标准化管理评价要求。

（2）渠道、渡槽划界图纸齐全，图纸上明确标示管理范围和保护范围，保护范围未划定及划定率不足50%的，均须相应扣分。

（3）划界应通过验收并经政府公布，划界成果实现与国土、规划部门共享，信息化水平高。

（4）按划界图纸上的管理范围界桩标示设置界桩，界桩编号要与图纸上一致，界桩埋设规范，使用国土部门规定的标准界桩。

（5）管理范围除设置界桩外，还应设置公告牌、警示标志，标志标牌数量适当，设置合理、醒目、美观、牢固。

（6）管理单位依法依规对管理范围内各项工作进行管理，严禁违规建设，禁止倾倒、堆放、排放影响工程安全运行或污染水体的有毒物、废弃物，禁止打井、爆破、立窑、开采、葬坟、取土等行为，有监管、巡查、查处记录，否则需相应扣分。

4. 规程、规范和技术标准等相关依据

（1）《中华人民共和国水法》。

(2)《水利工程运行管理监督检查办法(试行)》。

(3)《调水工程设计导则》(SL 430)。

(4)《渡槽工程管理规程》(T/CHES 37)。

5. 备查资料

(1)工程划界文件、图纸。

(2)土地证原件。

(3)工程管理范围界桩分布图,界桩、公告牌、警示标志统计表或台账。

3.2.1.2 安全鉴定

1. 评价内容及要求

(1)各类输水建筑物按照有关技术标准开展安全鉴定。

(2)鉴定成果用于指导工程安全运行管理、更新改造和除险加固。

2. 评价指标及赋分

(1)各类输水建筑物未在规定期限内开展安全鉴定,此项不得分。

(2)鉴定承担单位不符合规定,扣25分。

(3)鉴定成果未用于指导工程安全运行管理、更新改造和除险加固等,扣15分。

(4)末次安全鉴定中存在的问题,整改不到位,有遗留问题未整改,扣15分。

3. 条文解读

(1)渠道、渡槽等各类输水建筑物安全鉴定工作应按照规定程序进行。根据《水利工程标准化管理评价办法》规定,如未按规定安全鉴定,安全鉴定这一项将不得分,安全管理这一类别得分低于总分的85%,导致不满足标准化管理评价要求。

(2)管理单位负责委托满足规定的安全鉴定单位对工程安全状况进行评价鉴定。

(3)安全鉴定成果用于指导工程安全运行、更新改造和除险加固,经过安全鉴定后还未实施加固的,在管理细则和防洪(汛)预案中要有体现。安全鉴定存在的问题应全部包含在除险加固内容中。

(4)经评定为二类、三类、四类的渡槽,安全鉴定应提出工程处理建议,其中三类、四类渡槽在未除险加固或重建前,必须采取相应的应急措施。

(5)经安全鉴定,工程安全类别改变的,必须自接到安全鉴定报告书之日起3个月内向注册登记机构申请变更注册登记。

4. 规程、规范和技术标准等相关依据

(1)《渡槽安全鉴定规程》(DB 44/T 2041)。

(2)《渡槽安全管理规程》(DB 34/T 2921)。

5. 备查资料

(1)安全鉴定资料汇编。

(2)安全鉴定审定部门印发的安全鉴定报告书。

(3)除险加固前安全度汛措施。

(4)除险加固期间安全度汛措施。

(5)除险加固工程资料。

(6)变更注册登记资料。

3.2.1.3 防汛管理

1. 评价内容及要求

(1)防汛责任制落实,组织体系健全。

(2)防汛抢险队伍落实,职责清晰、任务明确、责任到人、措施具体、定期培训。

(3)编制防汛抢险应急预案,完成审批或报备,开展演练或推演。

(4)编制度汛方案,险点隐患记录清楚,及时处理,险工险段判别准确,措施落实。

(5)防汛物资储备制度健全,落实专人管理,物资仓储规范,齐备完好,存放有序,建档立卡,防汛通信设备、抢险器具完好。

(6)按规定开展防汛检查。

(7)防汛值班制度执行严格,实行24小时值班,预警、预报等各类信息畅通,及时发现隐患或险情,发现后及时处理并报告。

2. 评价指标及赋分

(1)防汛责任落实不到位,扣10分。

(2)组织体系不健全,未及时根据实际情况调整,扣8分。

(3)责任人履职存在不足,扣8分。

(4)未定期组织或参加培训,扣5分。

(5)无防汛抢险应急预案、度汛方案,或预案未审批、报备,扣15分。

(6)预案针对性、可操作性不强,防汛抢险任务不明确、队伍不落实、措施不具体,未开展演练,扣8分。

(7) 险点隐患未记录或记录不清楚，未及时处理，险工险段判别不准确，措施未落实，扣8分。

(8) 防汛物资储备制度不健全，调用规则不明确，防汛物资未落实专人管理，储备不满足要求，存放不当，台账混乱，扣10分。

(9) 未开展防汛检查，扣8分。

(10) 防汛值班未实行24小时值班制度，预警、预报等各类信息不畅通，未及时发现隐患或险情，发现后处理报告不及时，扣5分。

3. 条文解读

(1) 每年汛前，成立或修订防汛抢险组织网络，确定工程的防汛责任人及其职责，编制或修订防汛抢险应急预案、度汛方案，组建防汛抢险队等，并向上级主管部门报批。责任人根据职责认真履职，预案内容要齐全，措施要具体，针对性和可操作性要强。

(2) 制订全年防汛培训计划，培训计划要明确培训的时间、内容、地点、培训对象和主讲人等，培训资料、图片、考试卷、考核成绩统计和培训总结等作为备查材料。可参加省、市、县及兄弟单位组织的防汛知识培训、防汛抢险演练。

(3) 根据工程规模，按照水利部《防汛物资储备定额编制规程》测算防汛物资和抢险设备数量，配备的防汛器材、物料品种、抢险工具、设备品种、数量、入库时间、保质期登记翔实，并在现场有管理台账。代储的防汛物资要提供双方签订的代储协议书和调运路线。防汛物资应专人管理，仓库设有物资分布图，仓库布局合理，标志明显，车辆进出仓库道路通畅，仓库具有通风、防潮、防霉等功能，按规定配备消防器材和防盗设施；油料存放应有专门油库，油库需配备防爆灯、消防砂箱、消防桶和铁锹等。

(4) 防汛物资名称、数量、责任人在现场要有标示牌，堆放整齐，编号醒目；防汛物资账目清楚，入库、领用手续齐全。备用电源可靠，定期保养和试运行，并且有记录。对电瓶、应急灯定期充放电，并有检测、试车和充放电记录。

(5) 按规定开展防汛检查，检查台账齐全，险点隐患记录清楚、处理及时，险工险段判别准确，措施落实到位。汛期严格执行24小时值班制度，并根据预案要求开展值班、巡查、预警、预报等。

4. 规程、规范和技术标准等相关依据

(1)《中华人民共和国防汛条例》。

(2)《国家防汛抗旱应急预案》。

(3)《水利工程运行管理监督检查办法(试行)》。

(4)《防汛物资储备定额编制规程》(SL 298)。

5. 备查资料

(1) 防汛组织机构设置文件。

(2) 防汛抢险人员学习培训资料(计划、学习、演练、考核评估)。

(3) 防汛抢险应急预案及请示、批复文件。

(4) 防汛物资代储协议。

(5) 防汛物资储备清单。

(6) 自备防汛物资清单。

(7) 防汛物资管理制度。

(8) 仓库管理人员岗位职责。

(9) 防汛物资运输协议、调运路线图。

(10) 防汛物资仓库物资分布图。

(11) 防汛物资管理台账。

(12) 试车、充电等记录。

(13) 防汛工作总结。

3.2.1.4 安全生产

1. 评价内容及要求

(1) 安全生产管理机构设立健全,并根据实际情况及时调整。

(2) 安全生产责任制落实,职责明确,责任人履职到位。

(3) 管理单位与公安等地方政府部门建立安全管理联动机制。

(4) 建立安全生产规章制度和操作规程,严格执行、及时修订。

(5) 编制安全生产应急预案,完成审批或报备,开展演习或演练。

(6) 定期开展安全生产专项检查与隐患排查治理,发现不安全因素或隐患及时处理,处理、排查治理记录规范。

(7) 安全设施、装置齐备完好,定期检查、检修、校验。

(8) 劳动保护用品配备满足安全生产要求。

(9) 开展安全生产宣传和培训。

2. 评价指标及赋分

(1) 安全生产责任落实不到位,扣 10 分。

(2) 安全生产管理机构未设立,组织体系不健全,未及时根据实际情况调整,扣 10 分。

(3) 安全生产责任人履职存在不足，扣 5 分。

(4) 管理单位未与公安等地方政府部门建立安全管理联动机制，扣 5 分。

(5) 未建立安全生产规章制度、操作规程，或建立后执行不严格，修订不及时，扣 5 分。

(6) 无安全生产应急预案，扣 15 分。

(7) 安全生产应急预案未完成审批或报备，扣 10 分。

(8) 预案内容不完整，措施不具体，针对性和可操作性不强，未开展演练，扣 5 分。

(9) 未定期开展安全生产专项检查，安全生产隐患排查不及时，隐患整改治理不及时、不彻底，台账记录不规范，扣 15 分。

(10) 安全设施、装置不齐备完好，未定期检查、检修、校验，扣 5 分。

(11) 劳动保护用品配备不满足安全生产要求，扣 2 分。

(12) 未按要求开展安全生产宣传、培训和演练，扣 3 分。

3. 条文解读

(1) 安全生产组织健全，有安全生产领导小组或安全生产组织网络，人员变化应及时调整。

(2) 与全体员工签订安全生产责任书，责任人履职到位。

(3) 渠道管理单位与公安等地方政府部门建立安全管理联动机制。

(4) 编制并及时修订安全生产的规章制度、操作规程，关键制度上墙明示。

(5) 根据工程实际编制、修订安全生产应急预案，并完成报批。预案内容完整，措施具体，针对性和可操作性强，定期开展培训、演练，相关记录完整。

(6) 定期开展安全生产专项检查、巡查，隐患排查整改及时、彻底，台账记录规范。

(7) 按规范配置工程安全设施，如消防设施、电气安全用具、防雷设施等，定期开展检查、维保、校验等，周期符合规定。配备一定数量的劳动保护用品，满足安全生产要求。

(8) 定期开展安全生产宣传教育和培训，制定全年安全生产培训计划，培训计划应明确培训的时间、内容、地点、培训对象和主讲人等，培训资料、图片、考核试卷、评估记录等作为备查材料，包括参加省、市、县及兄弟单位组织的安全生产知识培训、消防演练等。

(9) 安全生产活动记录齐全，活动记录包括安全生产会议、安全学习、安全检查、安全培训、消防演习等，应写明时间、地点、参加人员和记录人。

4. 规程、规范和技术标准等相关依据

(1)《中华人民共和国安全生产法》。

(2)《中华人民共和国突发事件应对法》。

(3)《水利工程运行管理监督检查办法（试行）》。

5. 备查资料

(1) 签订的安全生产责任书。

(2) 安全生产组织机构设置文件。

(3) 渠道管理单位与公安等地方政府部门建立安全管理联动机制证明材料。

(4) 安全生产台账（安全生产规章制度、操作规程，安全生产宣传活动记录，安全设施检查记录、维保记录、检测报告、检验报告、试验报告等，特种作业人员持证上岗等）。

(5) 员工培训台账（计划、考核、评估等）。

(6) 安全生产应急预案及请示、批复文件。

(7) 安全检查整改通知书、整改回执单。

(8) 问题动态台账。

(9) 工程检查记录。

(10) 操作票、工作票。

(11) 设备台账。

3.2.2 管涵（隧洞、倒虹吸）工程

管涵（隧洞、倒虹吸）工程安全管理包括工程划界、安全评价、防汛管理及安全生产4个方面，共280分，占比28%。评价内容及要求中工程划界2条50分，安全评价1条55分，防汛管理7条85分，安全生产8条90分。

3.2.2.1 工程划界

1. 评价内容及要求

(1) 按照规定，划定工程管理范围和保护范围，设置明显警示标志。

(2) 管理范围内无影响工程安全的行为和活动。

2. 评价指标及赋分

（1）未完成工程管理范围划定，此项不得分。

（2）工程保护范围划定率不足50%，扣10分，未划定，扣25分。

（3）工程管理范围警示标志设置不合理、不齐全，扣10分。

（4）管理范围和保护范围内存在影响工程安全运行的行为和活动，扣15分。

3. 条文解读

（1）根据《水利工程标准化管理评价办法》规定，如工程管理范围未划定，工程划界这一项将不得分，导致安全管理这一类别得分低于总分的85%，导致不满足标准化管理评价要求。

（2）划界图纸齐全，图纸上明确标示管理范围和保护范围，保护范围未划定及划定率不足50%的，均须相应扣分。

（3）划界应通过验收并经政府公布，划界成果实现与国土、规范部门共享，信息化水平高。

（4）管理范围应设置警示标志，标志标牌数量适当，设置合理、醒目、美观、牢固。

（5）管理单位依法依规对管理范围和保护范围内各项工作进行管理，禁止影响工程安全运行的行为和活动，有监管、巡查、查处记录，否则需相应扣分。

4. 规程、规范和技术标准等相关依据

（1）《中华人民共和国水法》。

（2）《水利工程运行管理监督检查办法（试行）》。

（3）《倒虹吸工程技术管理规程》（T/CHES 64）。

5. 备查资料

（1）工程划界文件、图纸。

（2）土地证原件。

（3）工程管理范围警示标志统计表或台账。

3.2.2.2　安全评价

1. 评价内容及要求

各类输水建筑物按照有关技术标准开展安全评价，根据评价结论采取相应处理措施。

2. 评价指标及赋分

（1）各类输水建筑物未在规定期限内开展安全评价，此项不得分。

（2）评价承担单位不符合规定，扣 25 分。

（3）未根据评价结论采取相应处理措施，扣 15 分。

（4）末次安全评价中存在的问题，整改不到位，有遗留问题未整改，扣 15 分。

3. 条文解读

（1）管涵、隧洞、倒虹吸等各类输水建筑物安全评价工作应按照规定程序进行。根据《水利工程标准化管理评价办法》规定，如未按规定安全评价，安全评价这一项将不得分，导致安全管理这一类别得分低于总分的 85%，导致不满足标准化管理评价要求。

（2）管理单位负责委托满足规定的安全评价单位对工程安全状况进行评价。

（3）根据安全评价结论采取相应处理措施，及时整改存在问题。

4. 规程、规范和技术标准等相关依据

《倒虹吸工程技术管理规程》（T/CHES 64）。

5. 备查资料

（1）安全评价资料汇编。

（2）安全评价审定部门印发的安全评价报告书。

（3）安全评价问题整改报告。

3.2.2.3 防汛管理

1. 评价内容及要求

（1）防汛责任制落实，组织体系健全。

（2）防汛抢险队伍落实，职责清晰、任务明确、责任到人、措施具体、定期培训。

（3）编制防汛抢险应急预案，完成审批或报备，开展演练或推演。

（4）编制度汛方案，险点隐患记录清楚，及时处理，险工险段判别准确，措施落实。

（5）防汛物资储备制度健全，落实专人管理，物资仓储规范，齐备完好，存放有序，建档立卡，防汛通信设备、抢险器具完好。

（6）按规定开展防汛检查。

（7）防汛值班制度执行严格，实行 24 小时值班，预警、预报等各类信息畅通，及时发现隐患或险情，发现后及时处理并及时报告。

2. 评价指标及赋分

（1）防汛责任落实不到位，扣 10 分。

（2）组织体系不健全，未及时根据实际情况调整，扣8分。

（3）责任人履职存在不足，扣8分。

（4）未定期组织或参加培训，扣5分。

（5）无防汛抢险应急预案、度汛方案，或预案未审批、报备，扣15分。

（6）预案针对性、可操作性不强，防汛抢险任务不明确、队伍不落实、措施不具体，未开展演练，扣8分。

（7）险点隐患未记录或记录不清楚，未及时处理，险工险段判别不准确，措施未落实，扣8分。

（8）防汛物资储备制度不健全，调用规则不明确，防汛物资未落实专人管理，储备不满足要求，存放不当，台账混乱，扣10分。

（9）未开展防汛检查，扣8分。

（10）防汛值班未实行24小时值班制度，预警、预报等各类信息不畅通，未及时发现隐患或险情，发现后处理报告不及时，扣5分。

3. 条文解读

（1）每年汛前，成立或修订防汛抢险组织网络，确定工程的防汛责任人及其职责，编制或修订防汛抢险应急预案、度汛方案，组建防汛抢险队等，并向上级主管部门报批。责任人根据职责认真履职，预案内容要齐全，措施要具体，针对性和可操作性要强。

（2）制订全年防汛培训计划，培训计划要明确培训的时间、内容、地点、培训对象和主讲人等，培训资料、图片、考试卷、考核成绩统计和培训总结等作为备查材料。可参加省、市、县及兄弟单位组织的防汛知识培训、防汛抢险演练。

（3）根据工程规模，按照水利部《防汛物资储备定额编制规程》测算防汛物资和抢险设备数量，配备的防汛器材、物料品种、抢险工具、设备品种、数量、入库时间、保质期登记翔实，并在现场有管理台账。代储的防汛物资要提供双方签订的代储协议书和调运路线。防汛物资应专人管理，仓库设有物资分布图，仓库布局合理，标志明显，车辆进出仓库道路通畅，仓库具有通风、防潮、防霉等功能，按规定配备消防器材和防盗设施；油料存放应有专门油库，油库需配备防爆灯、消防砂箱、消防桶和铁锹等。

（4）防汛物资名称、数量、责任人在现场要有标示牌，堆放整齐，编号醒目；防汛物资账目清楚，入库、领用手续齐全。备用电源可靠，定期保养和试运行，并且有记录。对电瓶、应急灯定期充放电，并有检测、试车和充放电记录。

(5) 按规定开展防汛检查，检查台账齐全，险点隐患记录清楚、处理及时，险工险段判别准确，措施落实到位。汛期严格执行24小时值班制度，并根据预案要求开展值班、巡查、预警、预报等。

4. 规程、规范和技术标准等相关依据

(1)《中华人民共和国防汛条例》。

(2)《国家防汛抗旱应急预案》。

(3)《水利工程运行管理监督检查办法（试行）》。

(4)《防汛物资储备定额编制规程》(SL 298)。

5. 备查资料

(1) 防汛组织机构设置文件。

(2) 防汛抢险人员学习培训资料（计划、学习、演练、考核评估）。

(3) 防汛抢险应急预案及请示、批复文件。

(4) 防汛物资代储协议。

(5) 防汛物资储备清单。

(6) 自备防汛物资清单。

(7) 防汛物资管理制度。

(8) 仓库管理人员岗位职责。

(9) 防汛物资运输协议、调运路线图。

(10) 防汛物资仓库物资分布图。

(11) 防汛物资管理台账。

(12) 试车、充电等记录。

(13) 防汛工作总结。

3.2.2.4 安全生产

1. 评价内容及要求

(1) 安全生产管理机构设立、健全，并根据实际情况及时调整。

(2) 安全生产责任制落实，职责明确，责任人履职到位。

(3) 建立安全生产规章制度和操作规程，严格执行、及时修订。

(4) 编制安全生产应急预案，完成审批或报备，开展演习或演练。

(5) 定期开展安全生产专项检查与隐患排查治理，发现不安全因素或隐患及时处理，彻底处理、排查治理记录规范。

(6) 安全设施、装置齐备完好，定期检查、检修、校验。

（7）劳动保护用品配备满足安全生产要求。

（8）开展安全生产宣传和培训。

2. 评价指标及赋分

（1）安全生产管理机构未设立，组织体系不健全，未及时根据实际情况调整，扣 10 分。

（2）安全生产责任落实不到位，扣 10 分。

（3）安全生产责任人履职存在不足，扣 5 分。

（4）管理单位未与公安等地方政府部门建立安全管理联动机制，扣 5 分。

（5）未建立安全生产规章制度、操作规程，或建立后执行不严格，修订不及时，扣 5 分。

（6）无安全生产应急预案，扣 15 分。

（7）安全生产应急预案未完成审批或报备，扣 10 分。

（8）预案内容不完整，措施不具体，针对性和可操作性不强，未开展演练，扣 5 分。

（9）未定期开展安全生产专项检查，安全生产隐患排查不及时，隐患整改治理不及时、不彻底，台账记录不规范，扣 15 分。

（10）安全设施、装置不齐备完好，未定期检查、检修、校验，扣 5 分。

（11）劳动保护用品配备不满足安全生产要求，扣 2 分。

（12）未按要求开展安全生产宣传、培训和演练，扣 3 分。

3. 条文解读

（1）安全生产组织健全，有安全生产领导小组或安全生产组织网络，人员变化应及时调整。

（2）与全体员工签订安全生产责任书，责任人履职到位。

（3）管理单位与公安等地方政府部门建立安全管理联动机制。

（4）编制并及时修订安全生产的规章制度、操作规程，关键制度上墙明示。

（5）根据工程实际编制、修订安全生产应急预案，并完成报批。预案内容完整，措施具体，针对性和可操作性强，定期开展培训、演练，相关记录完整。

（6）定期开展安全生产专项检查、巡查，隐患排查整改及时、彻底，台账记录规范。

（7）按规范配置工程安全设施，如消防设施、电气安全用具、防雷设施等，定期开展检查、维保、校验等，周期符合规定。配备一定数量的劳动保护用品，满足安全生产要求。

(8) 定期开展安全生产宣传教育和培训，制定全年安全生产培训计划，培训计划应明确培训的时间、内容、地点、培训对象和主讲人等，培训资料、图片、考核试卷、评估记录等作为备查材料。包括参加省、市、县及兄弟单位组织的安全生产知识培训、消防演练等。

(9) 安全生产活动记录齐全，活动记录包括安全生产会议、安全学习、安全检查、安全培训、消防演习等，应写明时间、地点、参加人员和记录人。

4. 规程、规范和技术标准等相关依据

(1)《中华人民共和国安全生产法》。

(2)《中华人民共和国突发事件应对法》。

(3)《水利工程运行管理监督检查办法（试行）》。

5. 备查资料

(1) 签订的安全生产责任书。

(2) 安全生产组织机构设置文件。

(3) 渠道管理单位与公安等地方政府部门建立安全管理联动机制证明材料。

(4) 安全生产台账（安全生产规章制度、操作规程，安全生产宣传活动记录，安全设施检查记录、维保记录、检测报告、检验报告、试验报告等，特种作业人员持证上岗等）。

(5) 员工培训台账（计划、考核、评估等）。

(6) 安全生产应急预案及请示、批复文件。

(7) 安全检查整改通知书、整改回执单。

(8) 问题动态台账。

(9) 工程检查记录（经常、定期、水下、专项）。

(10) 操作票、工作票。

(11) 设备台账。

3.3 运行管护

3.3.1 渠道（渡槽）工程

渠道（渡槽）工程运行管护包括雨水情测报、工程检查巡查、安全监测、工程维修养护、控制运用5个方面，共210分，占比21%。评价内容及要求中雨水情测报2条30分，工程检查巡查3条40分，安全监测3条40分，工程维修养护3条40分，控制运用3条60分。

3.3.1.1　雨水情测报

1. 评价内容及要求

（1）具备完备的水文测报和通信设施，并加强运行维护和检修，保证长期可靠运行。

（2）开展雨水情测报，或建立获得雨水情信息的渠道。开展雨水情测报的，应按照规定的时间、频次和精度要求进行雨水情观测，及时开展资料整编。

2. 评价指标及赋分

（1）未开展雨水情测预报，且没有获得雨水情信息的渠道，此项不得分。

（2）水文测报及通信设施不完备，未定期开展运行维护和检修工作，设备设施运行不可靠，扣12分。

（3）雨水情测预报规范性、实时性不足，扣9分。

（4）测预报记录不完整或未及时开展资料整编，测预报合格率不符合规范要求，扣9分。

3. 条文解读

（1）按规定开展雨水情测预报工作，或有与地方气象、水利等部门协调获得雨水情信息的渠道。

（2）水文测报及通信设施完备，定期开展运行和维修工作，确保设备设施可靠运行。

（3）雨水情测预报工作符合规范要求，能够具备实时性。

（4）预测预报记录完整，按要求定期开展资料整编，及时评估测预报成果，确保合格率符合规范要求。

4. 规程、规范和技术标准等相关依据

（1）《渡槽技术管理规程》（T/CHES 37）。

（2）《中华人民共和国水文条例》。

5. 备查资料

（1）按规范整理、归档的雨水情测预报资料。

（2）获得雨水情信息的记录。

（3）水文测报及通信设施清单。

(4) 定期开展水文测报及通信设施检查、维护和检修的记录。

(5) 雨水情测预报无漏、缺、迟报现象及合格率的证明材料。

3.3.1.2 工程检查巡查

1. 评价内容及要求

(1) 管理单位应按照相应规程开展日常、定期和专项检查。

(2) 检查频次、方法和内容符合要求，记录填写规范。

(3) 发现问题及时处理到位，并按要求上报。

2. 评价指标及赋分

(1) 未开展工程检查，此项不得分。

(2) 巡查频次、内容、方法不符合规定，扣 15 分。

(3) 巡查记录不规范，扣 10 分。

(4) 发现问题未及时处理到位，扣 10 分。

(5) 未及时上报，扣 5 分。

3. 条文解读

(1) 日常检查主要对工程管理范围内的建筑物、设备、设施、工程环境进行巡视、查看。

(2) 定期检查以目测为主，并应配备相关量测仪器、工具。定期检查范围主要包括建筑物、设备、设施、工程环境等，检查内容包括建筑物缺陷、变形、沉降、位移、伸缩装置的阻塞、破损、联结松动等情况。判断损坏范围、内容并初步提出维修方案。

(3) 专项检查为满足正常运行要求，对可能存在病害的建筑物部位、设备、设施等进行针对性的专业检查，或发生地震、洪水、风暴潮、台风等自然灾害及非常规运用或发生重大事故后，由专业技术人员进行的检查。主要检查工程重要部位和主要结构有无损坏或损坏程度。

(4) 工程管理单位应制定工程检查制度，各类检查的频次、方法和内容应符合规范和制度要求。

(5) 检查记录应内容齐全、记录规范、数据准确、字迹工整。

(6) 工程检查中发现的问题，应及时处理到位。

(7) 及时将问题及处理情况上报。

4. 规程、规范和技术标准等相关依据

(1)《渡槽工程管理规程》(DB 34/T 2921)。

(2)《渡槽技术管理规程》(T/CHES 37)。

5. 备查资料

（1）工程检查制度的相关内容。

（2）日常检查记录表。

（3）开展定期检查的发文。

（4）定期检查总结、检查记录及上报文件。

（5）开展专项检查的发文。

（6）专项检查报告、检查记录及上报文件等。

（7）设备台账、隐患排查登记表。

3.3.1.3　安全监测

1. 评价内容及要求

（1）管理单位应编制《安全监测系统观测规程》或《监测运维方案》。按照相关规范和设计要求开展安全监测，渡槽监测应包括变形、应力应变及温度等，对1级、2级渠道的不良地质、深挖方、高填方的渠段安全监测应包括变形和渗流等，并明确时间与频次、方法、精度、成果等要求，经批准后执行。

（2）观测设施完好率应达到规范要求，定期开展监测设备校验和比测。

（3）观测结束后，应及时对观测资料进行整理、分析，每年进行一次整编。监测数据可靠，记录完整，资料整编分析有效。

2. 评价指标及赋分

（1）未开展安全监测，此项不得分。

（2）未编制《安全监测系统观测规程》或《监测运维方案》，扣8分。

（3）观测设施完好率未达到规范要求，未定期开展监测设备校验和比测，扣8分；监测项目、频次、方法、精度记录不规范，扣16分。

（4）观测资料可靠性较差，数据整编分析不及时，成果效果较差，扣8分。

3. 条文解读

（1）编制《安全监测系统观测规程》或《监测运维方案》，明确监测时间与频次、方法、精度、成果等要求，经批准后执行。

（2）按照规范和设计要求定期开展安全监测工作，渡槽监测应包括变形、应力应变及温度等，对1级、2级渠道的不良地质、深挖方、高填方的渠段安全监测应包括变形和渗流等。

（3）观测设施完好，监测设备按规定定期校验和比测。

（4）及时对观测资料进行整理、分析，确保监测数据准确可靠，记录完整，观测成果应每年进行一次整编，整编分析成果有效。

4. 规程、规范和技术标准等相关依据

（1）《渡槽工程管理规程》（DB 34/T 2921）。

（2）《渡槽技术管理规程》（T/CHES 37）。

（3）《水利水电工程安全监测设计规范》（SL 725）。

5. 备查资料

（1）《安全监测系统观测规程》或《监测运维方案》及上级批复文件。

（2）观测设施布置示意图和情况说明。

（3）近三年工程观测资料及整编资料。

（4）观测设施检查及维护记录。

（5）监测设备校验和比测记录。

3.3.1.4 工程维修养护

1. 评价内容及要求

（1）针对各类检查中发现的问题，按照有关规范要求开展维修养护。

（2）一般性养护项目应做好实施过程中的质量和安全控制，保证养护到位，工作记录完整。

（3）维修项目应编制实施方案并通过审批，实施时做好采购、质量、安全和验收等管理工作，项目资料齐全。

2. 评价指标及赋分

（1）未开展工程维修养护，此项不得分。

（2）维修养护项目实施不及时，扣 5 分。

（3）养护项目质量较差，现场安全措施不到位，扣 10 分。

（4）维修项目未编制实施方案，扣 5 分。

（5）维修项目未做好采购、质量、安全和验收等管理工作，扣 10 分。

（6）维修养护项目资料不齐全，扣 5 分。

（7）维修养护项目发生安全事故，扣 5 分。

3. 条文解读

（1）工程管理单位应根据各类检查情况，结合相关技术要求，科学合理地确定维修养护申报项目，编制维修养护计划和预算。

（2）维修养护计划应明确工程维修养护部位、维修养护缘由及维修养护内容，项目预算应根据相关定额制定，同时报上级主管部门批准。

（3）工程管理单位是维修养护项目实施的主体，应详细编制维修项目实施方案，并根据维修养护计划及时开展项目。

（4）按照相关规范进行质量管理，重点加强关键工序、关键部位和隐蔽工程的质量检测管理，必要时可委托第三方检测，保留质量分项检验记录。

（5）维修项目应做好项目采购、质量、安全和验收等管理工作，每月统计分析通报维修养护项目进度情况，工程完工后，工程管理单位及时组织工管、财务、纪检等相关部门进行竣工验收。

（6）加强现场安全管理，项目进场前必须签订安全协议，施工外来人员进场必须进行安全告知和安全培训，做好施工区安全防护和隔离，执行用电、动火申报制度，履行施工过程安全监管职责，确保维修养护项目不发生安全事故。

（7）执行项目管理卡制度，日常项目管理资料全面、规范，招投标资料、合同协议、安全管理资料、结算审计过程资料、材料设备质保书、质量检验资料、验收报告等作为项目管理卡附件全部整理归档。工程管理单位定期组织对项目管理卡进行审查，确保资料的真实性、完整性、规范性和准确性。

4. 规程、规范和技术标准等相关依据

（1）《渡槽工程管理规程》(DB 34/T 2921)。

（2）《渡槽技术管理规程》(T/CHES 37)。

5. 备查资料

（1）工程维修养护项目管理办法及批复文件。

（2）维修养护项目管理卡。

3.3.1.5　控制运用

1. 评价内容及要求

（1）根据调水工程供水计划和调度运用方案，合理调度。

（2）供、排水能力达到设计要求。

（3）有多目标任务的工程，实现多目标统筹调度。

2. 评价指标及赋分

（1）调水工程供水计划不落实、调度不合理，扣30分。

（2）供、排水能力未达到设计要求，扣15分。

（3）有多目标任务的工程，未实现统筹调度，扣15分。

3. 条文解读

（1）制定本工程供水计划和调度运用方案，并经上级批准。

（2）调度指令的接收与下达、执行要有详细记录。

（3）工程设备设施处于完好状态，供、排水能力能达到设计要求。

（4）具有多目标任务的工程，应统筹做好供水、防汛、抗旱、航运、生态等调度工作。

4. 备查资料

（1）工程调度运用方案及上级批复文件。

（2）近三年（从上一年算起）工程供水计划及上级批复文件。

（3）工程调度指令和执行记录。

（4）工程运行报表。

（5）工程年度运行时间及水量统计。

（6）工程年度调度总结，有多目标任务的，需反映统筹调度情况。

3.3.2 管涵（隧洞、倒虹吸）工程

管涵（隧洞、倒虹吸）工程运行管护包括雨水情测报、工程检查巡查、安全监测、工程维修养护、控制运用 5 个方面，共 210 分，占比 21%。评价内容及要求中雨水情测报 2 条 30 分，工程检查巡查 3 条 40 分，安全监测 3 条 40 分，工程维修养护 3 条 40 分，控制运用 3 条 60 分。

3.3.2.1 雨水情测报

1. 评价内容及要求

（1）具备完备的水文测报和通信设施，并加强运行维护和检修，保证长期可靠运行。

（2）开展雨水情测预报，或建立获得雨水情信息的渠道。开展雨水情测预报的，应按照规定的时间、频次和精度要求进行雨水情观测，及时开展资料整编。

2. 评价指标及赋分

（1）未开展雨水情测预报，且没有获得雨水情信息的渠道，此项不得分。

（2）水文测报及通信设施不完备，未定期开展运行维护和检修工作，设备设施运行不可靠，扣 12 分。

（3）雨水情测预报规范性、实时性不足，扣 9 分。

（4）测预报记录不完整或未及时开展资料整编，测预报合格率不符合规范要求，扣 9 分。

3. 条文解读

（1）按规定开展雨水情测预报工作，或有与地方气象、水利等部门协

调获得雨水情信息的渠道。

（2）水文测报及通信设施完备，定期开展运行和维修工作，确保设备设施可靠运行。

（3）雨水情测预报工作符合规范要求，能够具备实时性。

（4）测预报资料完整，按要求定期开展资料整编，及时评估测预报成果，确保合格率符合规范要求。

4. 规程、规范和技术标准等相关依据

《中华人民共和国水文条例》。

5. 备查资料

（1）按规范整理、归档的雨水情测预报资料。

（2）获得雨水情信息的记录。

（3）水文测报及通信设施清单。

（4）定期开展水文测报及通信设施检查、维护和检修的记录。

（5）雨水情测预报无漏、缺、迟报现象及合格率的证明材料。

3.3.2.2 工程检查巡查

1. 评价内容及要求

（1）管理单位应按照相应规程开展日常检查、定期检查和专项检查。

（2）检查频次、方法和内容符合要求，记录填写规范。

（3）发现问题及时处理到位，并按要求上报。

2. 评价指标及赋分

（1）未开展工程检查，此项不得分。

（2）检查频次、方法、内容不符合规定，扣15分。

（3）检查记录不规范，扣10分。

（4）发现问题未及时处理到位，扣10分。

（5）未及时上报，扣5分。

3. 条文解读

（1）日常检查主要对工程管理范围内的建筑物、设备、设施、工程环境进行巡视、查看。

（2）定期检查以目测为主，并应配备相关量测仪器、工具。定期检查范围主要包括建筑物、设备、设施、工程环境等，检查内容包括变形、渗流、应力应变等情况。判断损坏范围、内容并初步提出维修方案。

（3）专项检查为满足正常运行要求，对可能存在病害的建筑物部位、设备、设施等进行针对性的专业检查，或发生地震、洪水、风暴潮、台风等自然灾害及非常规运用或发生重大事故后，由专业技术人员进行的检查。主要检查工程重要部位和主要结构有无损坏或损坏程度。

（4）工程管理单位应制定工程检查制度，各类检查的频次、方法和内容应符合规范和制度要求。

（5）检查记录应内容齐全、记录规范、数据准确、字迹工整。

（6）工程检查中发现的问题，应及时处理到位。

（7）及时将问题及处理情况上报。

4. 规程、规范和技术标准等相关依据

（1）《倒虹吸工程技术管理规程》（T/CHES 64）。

（2）《水工隧洞安全监测技术规范》（SL 764）。

5. 备查资料

（1）工程检查制度的相关内容。

（2）日常检查记录表。

（3）开展定期检查的发文。

（4）定期检查总结、检查记录及上报文件。

（5）开展专项检查的发文。

（6）专项检查报告、检查记录及上报文件等。

（7）设备台账、隐患排查登记表。

3.3.2.3 安全监测

1. 评价内容及要求

（1）管理单位应编制《安全监测系统观测规程》或《监测运维方案》，按照相关规范和设计要求开展安全监测，1级至3级、大跨度等水工隧洞安全监测项目应包括变形、渗流、应力应变及温度等，倒虹吸安全监测应包括变形、接缝开合度、应力应变及温度等，明确时间与频次、方法、精度、成果等要求，经批准后执行。

（2）观测设施完好率应达到规范要求，定期开展监测设备校验和比测。

（3）观测结束后，应及时对观测资料进行整编，并按要求编制监测分析报告。

2. 评价指标及赋分

（1）未开展安全监测，此项不得分。

（2）未编制《安全监测系统观测规程》或《监测运维方案》，扣8分。

（3）观测设施完好率未达到规范要求，未定期开展观测设备校验和比测，扣8分；监测项目、频次、方法、精度记录不规范，扣16分。

（4）观测资料可靠性较差，数据整编分析不及时，成果效果较差，扣8分。

3. 条文解读

（1）编制《安全监测系统观测规程》或《监测运维方案》，明确监测时间与频次、方法、精度、成果等要求，经批准后执行。

（2）按照规范和设计要求定期开展安全监测工作，1级至3级、大跨度等水工隧洞安全监测项目应包括变形、渗流、应力应变及温度等，倒虹吸安全监测应包括变形、接缝开合度、应力应变及温度等。

（3）观测设施完好，监测设备按规定定期校验和比测。

（4）及时对观测资料进行整编、分析，确保监测数据准确可靠，按要求编制监测分析报告。

4. 规程、规范和技术标准等相关依据

（1）《水工隧洞安全监测技术规范》（SL 764）。

（2）《水利水电工程安全监测设计规范》（SL 725）。

（3）《倒虹吸工程技术管理规程》（T/CHES 64）。

5. 备查资料

（1）《安全监测系统观测规程》或《监测运维方案》及上级批复文件。

（2）观测设施布置示意图和情况说明。

（3）近三年工程观测资料及整编资料。

（4）观测设施检查及维护记录。

（5）监测设备校验和比测记录。

3.3.2.4 工程维修养护

1. 评价内容及要求

（1）针对各类检查中发现的问题，按照有关规范要求开展维修养护。

（2）一般性养护项目应做好实施过程中的质量和安全控制，保证养护到位，工作记录完整。

（3）维修项目应编制实施方案并通过审批，实施时做好采购、质量、安全和验收等管理工作，项目资料齐全。

2. 评价指标及赋分

（1）未开展工程维修养护，此项不得分。

（2）维修养护项目实施不及时，扣5分。

（3）养护项目质量较差，现场安全措施不到位，扣10分。

（4）维修项目未编制实施方案，扣5分。

（5）维修项目未做好采购、质量、安全和验收等管理工作，扣10分。

（6）维修养护项目资料不齐全，扣5分。

（7）维修养护项目发生安全事故，扣5分。

3. 条文解读

（1）工程管理单位应根据各类检查情况，结合相关技术要求，科学合理地确定维修养护申报项目，编制维修养护计划和预算。

（2）维修养护计划应明确工程维修养护部位、维修养护缘由及维修养护内容，项目预算应根据相关定额制定，同时报上级主管部门批准。

（3）工程管理单位是维修养护项目实施的主体，应详细编制维修项目实施方案，并根据维修养护计划及时开展项目。

（4）按照相关规范进行质量管理，重点加强关键工序、关键部位和隐蔽工程的质量检测管理，必要时可委托第三方检测，保留质量分项检验记录。

（5）维修项目应做好项目采购、质量、安全和验收等管理工作，每月统计分析通报维修养护项目进度情况，工程完工后，工程管理单位及时组织工管、财务、纪检等相关部门进行竣工验收。

（6）加强现场安全管理，项目进场前必须签订安全协议，施工外来人员进场必须进行安全告知和安全培训，做好施工区安全防护和隔离，执行用电、动火申报制度，履行施工过程安全监管职责，确保维修养护项目不发生安全事故。

（7）执行项目管理卡制度，日常项目管理资料全面、规范，招投标资料、合同协议、安全管理资料、结算审计过程资料、材料设备质保书、质量检验资料、验收报告等作为项目管理卡附件全部整理归档。工程管理单位定期组织对项目管理卡进行审查，确保资料的真实性、完整性、规范性和准确性。

4. 规程、规范和技术标准等相关依据

《倒虹吸工程技术管理规程》（T/CHES 64）。

5. 备查资料

（1）工程维修养护项目管理办法及批复文件。

（2）维修养护项目管理卡。

3.3.2.5　控制运用

1. 评价内容及要求

（1）根据调水工程供水计划和调度运用方案，合理调度。

（2）供、排水能力达到设计要求。

（3）有多目标任务的工程，实现多目标统筹调度。

2. 评价指标及赋分

（1）调水工程供水计划不落实、调度不合理，扣30分。

（2）供、排水能力未达到设计要求，扣15分。

（3）有多目标任务的工程，未实现统筹调度，扣15分。

3. 条文解读

（1）制定本工程供水计划和调度运用方案，并经上级批准。

（2）调度指令的接收与下达、执行要有详细记录。

（3）工程设备设施处于完好状态，供、排水能力能达到设计要求。

（4）具有多目标任务的工程，应统筹做好供水、防汛、抗旱、航运、生态等调度工作。

4. 规程、规范和技术标准等相关依据

（1）《水资源调度管理办法》。

（2）《调水工程设计导则》（SL 430）。

5. 备查资料

（1）工程调度运用方案及上级批复文件。

（2）近三年（从上一年算起）工程供水计划及上级批复文件。

（3）工程调度指令和执行记录。

（4）工程运行报表。

（5）工程年度运行时间及水量统计。

（6）工程年度调度总结，有多目标任务的，需反映统筹调度情况。

3.4　管理保障

渠道（渡槽）、管涵（隧洞、倒虹吸）工程管理保障标准化评价包括管理体制、规章制度、经费保障及档案管理4个方面，共180分，占比18%。评价内容及要求中管理体制3条45分，规章制度1条50分，经费保障2条50分，档案管理3条35分。

3.4.1　管理体制

1. 评价内容及要求

（1）管理体制顺畅，权责明晰，责任落实。

（2）管养机制健全，岗位设置合理，人员满足工程管理需要。

（3）管理单位有职工培训计划并按计划落实。

2. 评价指标及赋分

（1）管理体制不顺畅，扣15分。

（2）管理机构不健全，岗位设置与职责不清晰，扣15分。

（3）运行管养机制不健全，未实现管养分离，扣10分。

（4）未开展业务培训，人员专业技能不足，扣5分。

3. 条文解读

（1）按照水管体制改革的要求，水利工程管理单位应管理体制顺畅，管理职责明确。

（2）管理机构设置经上级主管部门批复，水利工程管理单位按照水管体制改革的要求合理设置岗位、配备人员，岗位设置要符合科学合理、精简效能的原则，坚持按需设岗、竞聘上岗、按岗聘用、合同管理。人员配备不得高于部颁标准，技术人员配备应满足工程管理工作需要。

（3）水利工程管理单位应建立合理有效的运行管护机制，保障工程安全运行。实行管养分离，将工程维修养护工作分离出去，走向市场，选择有资质、有经验的养护队伍，实行社会化管理。目前尚不具备管养分离条件的水管单位，应首先实行内部管养分离，将管理工作与维修养护工作分开，相关人员进行分离。

（4）管理单位职工应进行岗前培训，单位应针对工作需要制定年度职工培训计划并按计划落实实施，要明确培训内容、人员、时间、奖惩措施、组织考试（考核）等，职工年培训率达到50%以上。运行人员、特殊工种、财务人员、档案管理人员等岗位应通过专业培训获得具备发证资质的机构颁发的合格证书。

4. 规程、规范和技术标准等相关依据

（1）《水利工程管理体制改革实施意见》。

（2）《水利工程运行管理监督检查办法（试行）》。

（3）《水利工程管理单位定岗标准（试点）》。

（4）《关于推进水利工程标准化管理的指导意见》。

5. 备查资料

（1）水利工程管理单位成立批复文件。

（2）单位设岗情况和定员情况。

（3）单位人员基本情况表或职工名册。

（4）工程管理考核资料。

（5）工程“管养分离”实施方案及批复文件。

（6）工程典型“管养分离”合同、项目实施资料（近三年）。

（7）年度培训计划、培训台账。

（8）学习培训通知、试卷、阅卷评分表等。

（9）岗位持证情况及证书。

3.4.2　规章制度

1. 评价内容及要求

建立健全并不断完善各项管理制度，内容完整，要求明确，按规定明示关键制度和规程。

2. 评价指标及赋分

（1）管理制度不健全，扣25分。

（2）管理制度针对性和操作性不强，落实或执行效果差，扣15分。

（3）关键制度和规程未明示，扣10分。

3. 条文解读

（1）工程管理单位建立健全完善的管理制度，结合单位工作实际不断修订完善规章制度，规章制度针对性、可操作性强，关键制度和规程应上墙明示，并在工作中认真落实，严格执行。

（2）根据工程管理需要，工程管理单位应重点对控制运用、检查观测、维修养护、安全生产、防汛工作等制度持续修订，确保制度满足工程管理需要，并在管理工作实际中认真贯彻执行。各类管理制度应进行分类，汇编成册，并定期组织职工学习规章制度。

（3）工程管理单位应建立完善的考核机制并有效执行，重点加强关键岗位职责、履职能力等考核与评价，并作为考核评优、奖惩、奖金绩效的参考依据。

4. 规程、规范和技术标准等相关依据

《水利工程运行管理监督检查办法（试行）》。

5. 备查资料

（1）工程规章制度汇编、修订及批复文件。

（2）关键规章制度上墙资料。

（3）重要规章制度内容。

（4）重要岗位制度内容。

（5）规章制度执行效果支撑资料。

3.4.3 经费保障

1. 评价内容及要求

（1）管理单位运行管理经费和工程维修养护经费及时足额保障，满足工程管护需要，来源渠道稳定，财务管理规范。

（2）人员工资按时足额兑现，福利待遇不低于当地平均水平，按规定落实职工养老、医疗等社会保险。

2. 评价指标及赋分

（1）运行管理、维修养护等费用不能及时足额到位，扣15分。

（2）运行管理、维修养护等经费使用不规范，扣15分。

（3）人员工资不能按时发放，福利待遇低于当地平均水平，扣10分。

（4）未按规定落实职工养老、医疗等社会保险，扣10分。

3. 条文解读

（1）管理单位运行管理、维修养护等预算经上级主管部门批复后下达，经费满足正常开展管理工作、工程维修养护的需要。

（2）经费使用应专款专用，不得截留、挤占、挪作他用，不得弄虚作假，虚列支出。维修养护经费应实行项目管理，管理单位应制定维修养护项目管理办法，规范项目实施，定期对维修养护项目开展审计，保障经费使用合规。

（3）管理单位应科学制定职工薪资、绩效等管理办法，及时足额兑现和发放人员工资，确保职工福利待遇不低于当地平均水平。

（4）管理单位按规定落实职工养老、医疗等社会保险。

4. 规程、规范和技术标准等相关依据

（1）《中小型灌排泵站运行管理规程》。

（2）《江苏省泵站技术管理办法》。

5. 备查资料

（1）年度预算批复。

（2）年度维修养护经费批复。

（3）年度维修养护项目管理资料、审计资料。

（4）工资、福利发放表。

（5）××市国民经济和社会发展统计公报。

（6）社会保险结算凭证，公积金汇缴凭证。

3.4.4　档案管理

1. 评价内容及要求

（1）配备档案管理人员。

（2）档案设施完好，各类档案分类清楚，存放有序，管理规范。

（3）档案管理信息化程度高。

2. 评价指标及赋分

（1）档案管理制度不健全，管理不规范，设施不足，扣10分。

（2）档案管理人员不明确，扣7分。

（3）档案内容不完整、资料缺失，扣10分。

（4）工程档案信息化程度低，扣8分。

3. 条文解读

（1）水利工程管理单位档案管理制度应包括：档案阅卷归档、保管、保密、查阅、鉴定、销毁制度等。

（2）档案室要求库房、办公、阅览“三分开”，库房内要求配置空调、除湿机、档案柜、温湿度仪、灭火器、视频监控、防紫外线窗帘等专用设施，办公室配有电脑、打印机等设备，档案目录可通过电脑进行查询。

（3）档案室有专人管理（可以兼职），做到“防盗、防火、防水、防潮、防尘、防蛀、防鼠、防高温、防强光”。

（4）档案的日常管理工作规范有序，档案案卷应排放有序，为了便于保管和利用档案，应对档案柜、架统一编号，编号一律由左到右，从上到下。同时应对档案室内保存的档案编制存放地方索引。做好档案的收进、移出、利用等日常的登记、统计工作。对特殊载体档案应按照有关规定进行验收、保存和定期检查。

（5）档案室应加强信息化建设，实现档案目录电子检索，重要科技档案、图纸等资料实施电子化。

（6）水利工程管理单位应积极创建星级（示范、规范）档案室，申报标准化评价的基层档案室应达到三星级或规范以上等级，并按规定定期复核。

（7）严格执行档案借阅制度，借阅、归还登记记录齐全，档案利用率高，效率显著。

4. 规程、规范和技术标准等相关依据

《水利工程运行管理监督检查办法（试行）》。

5. 备查资料

(1) 档案管理制度。

(2) 档案管理组织网络。

(3) 工程档案分布图。

(4) 档案管理人员持证及培训。

(5) 档案达标创建资料及证书。

(6) 档案管理分类方案。

(7) 工程档案全引目录。

(8) 工程档案日常管理资料。

3.5 信息化建设

渠道(渡槽)、管涵(隧洞、倒虹吸)工程信息化建设包括信息化平台建设、自动化监测预警、网络安全管理3个方面,共100分,占比10%。评价内容及要求中信息化平台建设4条40分,自动化监测预警2条30分,网络安全管理2条30分。

3.5.1 信息化平台建设

1. 评价内容及要求

(1) 建立工程管理信息化平台。

(2) 实现工程在线监管和自动化控制。

(3) 工程信息及时动态更新。

(4) 与水利部相关平台实现信息融合共享、上下贯通。

2. 评价指标及赋分

(1) 未应用工程管理信息化平台,此项不得分。

(2) 未建立工程管理信息化平台,扣10分。

(3) 未实现在线监管或自动化控制,扣10分。

(4) 工程信息不全面、不准确,或未及时更新,扣10分。

(5) 工程信息未与水利部相关平台信息融合共享,扣10分。

3. 条文解读

(1) 信息化平台为标准化渠道(渡槽)、管涵(隧洞、倒虹吸)工程提供“算据”和“算法”支撑与服务,应用信息化平台可以是自建平台或取得上级单位信息化平台应用权限。

（2）此处所指实现在线监管，其含义为工程在线监视和在线管理，实现工程基础数据、监测数据的在线监视和业务管理流程的在线运转；此处所指自动化控制，其含义是在渠道（渡槽）、管涵（隧洞、倒虹吸）工程相关信号和信息实现采集、显示、报警、网络化传输的基础上，实现中控室集中控制工程相关设备的功能。

（3）此处所指工程信息，是指工程基础数据和监测数据。其中基础数据为渠道（渡槽）、管涵（隧洞、倒虹吸）工程对象的特征属性，主要包括各类建（构）筑物、附属机电设备等水利工程类对象，水文监测站、工程安全监测点、水事影像监视点等监测站（点）类对象，库区、坝区、下游影响区等管理区域类对象，工程运行管理机构、人员、资产、信息化等工程管理类对象。监测数据指渠道（渡槽）、管涵（隧洞、倒虹吸）工程通过各类监测感知手段获取的状态属性，主要包括水文监测、工程安全监测、水质监测、水土保持监测、安防监控等。

4. 规程、规范和技术标准等相关依据

（1）《数字孪生水利工程建设技术导则（试行）》。

（2）《数字孪生流域建设技术大纲（试行）》。

（3）《数字孪生流域共建共享管理办法（试行）》。

5. 备查资料

（1）工程信息化平台建设与应用情况介绍。

（2）工程管理信息化平台建设项目批复和验收证明。

（3）上下游外部单位、上级有关单位和部门关于实现相关信息共享的证明函。

3.5.2　自动化监测预警

1. 评价内容及要求

（1）雨水情、安全监测、视频监控等关键信息接入信息化平台，实现动态管理。

（2）监测监控数据异常时，能够自动识别险情，及时预报预警。

2. 评价指标及赋分

（1）雨水情、安全监测、视频监控等关键信息未接入信息化平台，扣10分。

（2）数据异常时，无法自动识别险情，扣10分。

（3）出现险情时，无法及时预报预警，扣10分。

3. 条文解读

(1) 接入信息化平台的雨水情信息，其范围应满足工程正常运行管理、防汛抗旱防台等需求；安全监测信息范围应按照相关规程规范要求，覆盖管理范围相应工程设施；视频监控信息范围应满足站区安防和内部管理需要。

(2) 此处对自动化监测预警的要求，是基于工程监测数据的自动分析和趋势判断。部分险情与单一监测数据高度关联的，应当能够自动识别和预报预警；部分险情与多个监测数据综合相关，且机理较为复杂的，宜开展相关自动识别和预报预警方面的研究工作。

4. 规程、规范和技术标准等相关依据

《智慧水利顶层设计》。

5. 备查资料

工程自动化监测预警功能实现情况介绍。

3.5.3 网络安全管理

1. 评价内容及要求

(1) 网络平台安全管理制度体系健全。

(2) 网络安全防护措施完善。

2. 评价指标及赋分

(1) 网络平台安全管理制度体系不健全，扣10分。

(2) 网络安全防护措施存在漏洞，扣20分。

3. 条文解读

(1) 网络平台安全管理制度体系包括网络安全和保密管理机构职责与人员权限、网络安全规划、网络等级保护制度、网络安全事件应急预案等。

(2) 网络安全防护措施存在漏洞，主要包括工控网与业务网未采用防火墙或其他措施隔离；网络环境下存储、传输和处理的信息不能做到保密、完整、可用；工控网与上级单位工控网连接时，未将实时控制区与过程监控区分别连接，未采用防火墙或其他措施进行隔离，或未采取加密措施进行数据传输加密；系统可用率低于95%；一般故障无法做到24小时内恢复，或重大故障无法做到72小时内恢复等情况。

4. 规程、规范和技术标准等相关依据

(1)《数字孪生流域建设技术大纲（试行）》。

(2)《水利工程运行管理监督检查办法（试行）》。

(3)《水电站大坝运行安全管理信息系统技术规范》。

(4)《信息安全技术网络基础安全技术要求》(GB/T 20270)。

(5)《水利信息系统运行维护规范》(SL 715)。

5. 备查资料

(1) 网络拓扑图。

(2) 网络安全等级保护相关资料，包括组织、测评报告及备案证明。

(3) 网络安全事件应急预案及相关手续文件。

(4) 系统维修养护记录。

第4章 调水工程标准化创建指导

4.1 理清管理事项

创建标准化管理调水工程，首先应理清创建相关的管理事项，主要包括明确创建范围、明确创建子单元、梳理管理事项等工作。

4.1.1 明确创建范围

调水工程具有组合性、系统性等特点，标准化管理评价原则上以工程整体为单元进行评价，涉及多个水管单位的，也可以按照水管单位分段进行评价。调水工程标准化管理评价范围包括调水工程整体评价和单项工程评价。在对调水工程整体评价前，工程所含的单项工程均应满足单项工程评价标准。

创建单位根据工程管理的实际情况，首先明确创建单元，选择工程整体为单元进行评价，或水管单位分段进行评价。在明确创建总体范围的基础上，梳理调水工程整体中包含的单项工程类型和数量。

4.1.2 明确创建子单元

根据工程设计文件，确定调水工程整体中各单项工程等级，达到《水利工程标准化管理评价办法》要求等级的单项工程，包括大中型水库、水闸、泵站、渠道（渡槽）、管涵（隧洞、倒虹吸）、3级以上堤防等工程，应纳入评价范围。创建单位应根据管理单位、工程类型等因素，综合考量合理归并，确定创建子单元。

小型工程不单独评价，可作为主体工程附属工程，共同构成一个创建子单元（图4-1）。例如泵站工程附属水闸放在泵站工程中一起评价。

纳入评价范围的多类单项工程，属于同一个工程管理单位时，可共同构成一个创建子单元（图4-2）。例如泵站管理单位管理了大型泵站、中型水闸、三级以上堤防等工程，各单项工程仍单独评价，其中管理组织和综合类相关内容在泵站单项工程中评价，技术管理类相关内容按单项工程

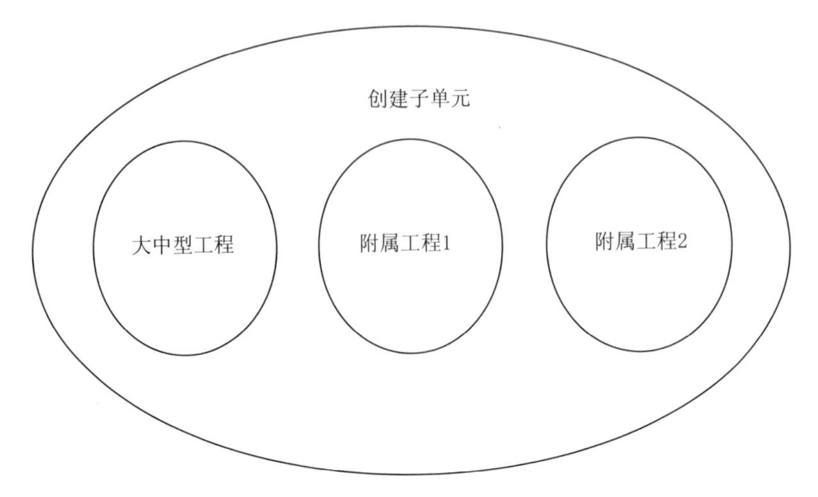

图 4-1　创建子单元示例 1：大中型工程及其附属工程

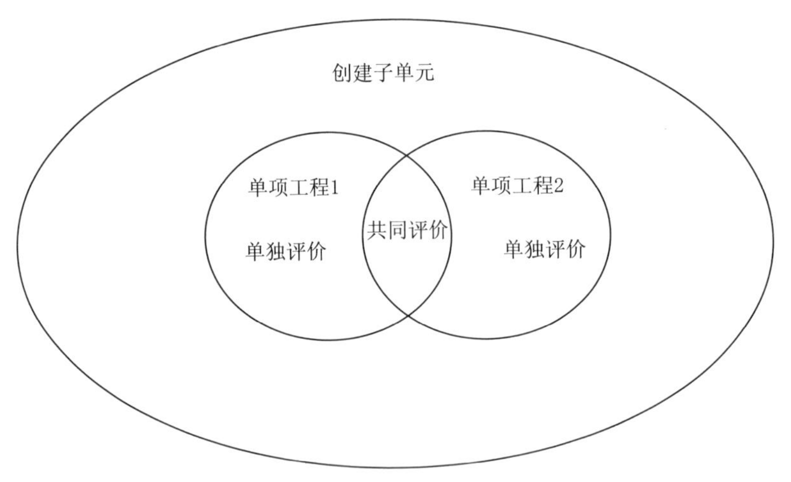

图 4-2　创建子单元示例 2：同一管理单位管辖的单项工程

评价标准单独评价。

同一单项工程，由多个工程管理单位管理时，可共同构成一个创建子单元评价（图 4-3），或按管理单位创建子单元评价（图 4-4）。例如堤防单项工程跨市由两家工程管理单位管理，申报单位可视情况一起评价，也可分开评价。

4.1.3　梳理管理事项

针对创建范围和创建子单元的调水工程整体和单项工程，按评价标准

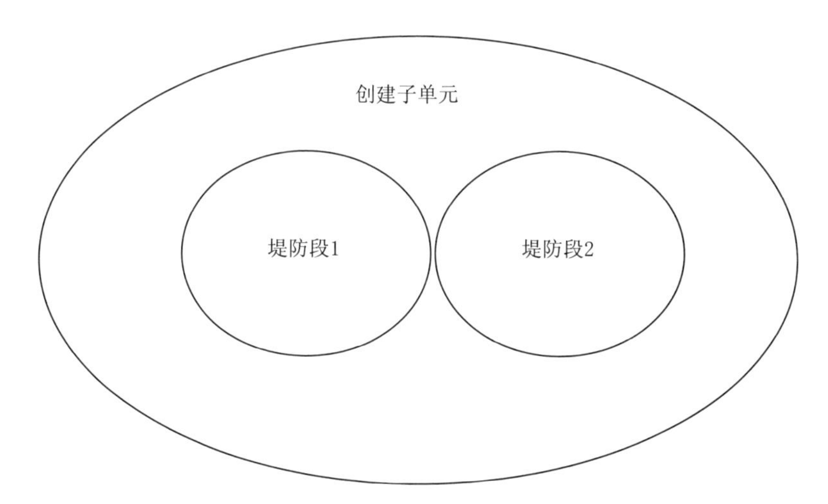

图 4-3 创建子单元示例 3：不同管理单位管辖一个单项工程

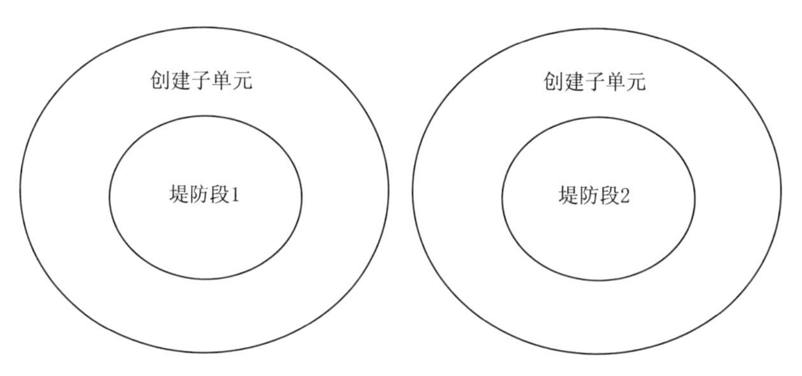

图 4-4 创建子单元示例 4：不同管理单位管辖一个单项工程

要求，从管理专业与管理行为两个维度制定事项清单。

4.1.3.1 管理专业维度

调水工程整体评价和单项工程评价的管理专业，根据《调水工程标准化管理整体评价标准》和 6 类单项工程标准化管理评价标准的类别均分为五个专业模块，各专业模块根据评价标准中的项目内容进一步划分专业单元，各专业单元根据评价标准中的标准化基本要求进一步划分专业元素（图 4-5）。

（1）调水工程评价分为工程整体状况、调度运行管理、效益发挥、生态环境、信息化建设五个专业模块（图 4-6）。工程整体状况模块包括工程设施，监测、管理、信息化等基础设施；调度运行管理模块包含建立健

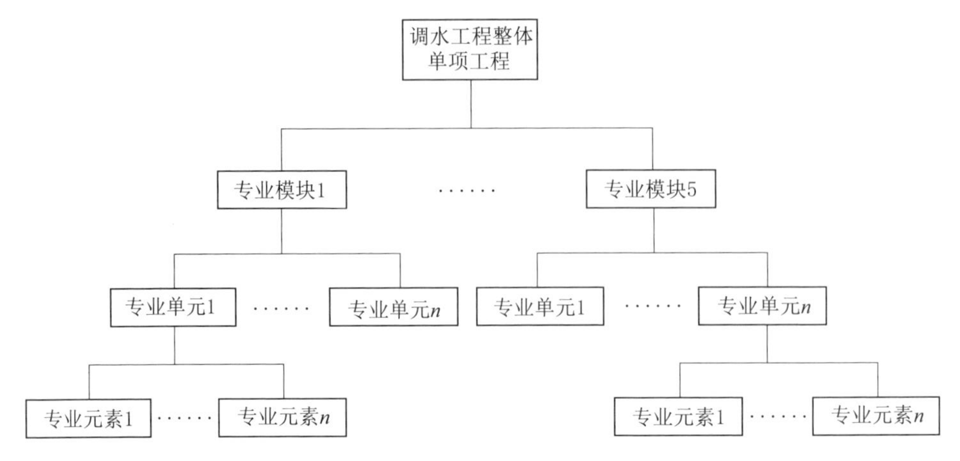

图4-5 专业元素划分

全调度组织体系，编制调度制度、规程、方案等，执行调度相关要求，保证工程安全、供水安全、水质安全、系统安全等，开展调度总结等；效益发挥模块包含工程发挥的供水效益、社会效益等；生态环境模块包含供水水质安全，工程发挥的生态效益，节能降耗、生态环境保护情况等；信息化建设模块包含信息化基础设施、信息化系统安全情况等。

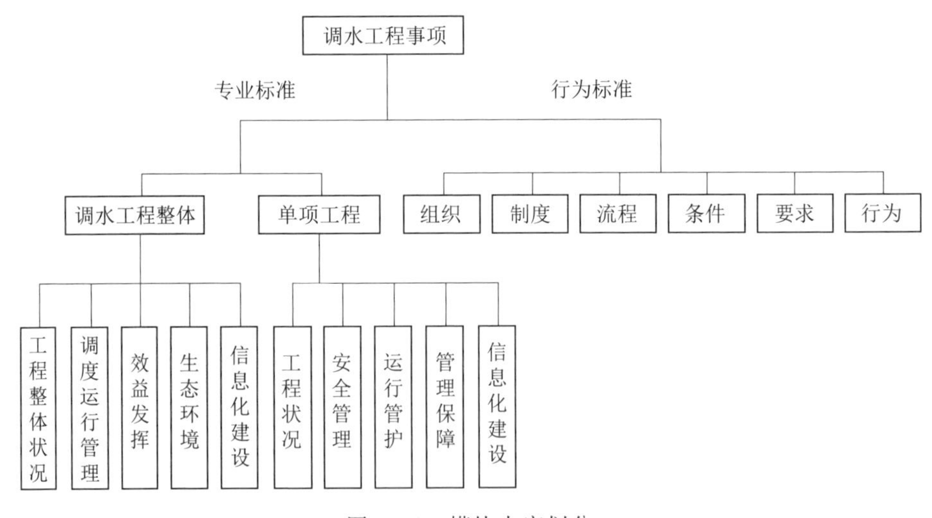

图4-6 模块内容划分

（2）单项工程评价分为工程状况、安全管理、运行管护、管理保障、信息化建设五个专业模块（图4-6）。工程状况模块包含工程面貌环境、设备设施、标识标牌等；安全管理模块包含注册登记、工程划界、鉴定评价、防汛度汛、安全生产等；运行管护模块包含调度运用、巡查监测、维修养护等；管理保障模块包含管理体制、规章制度、经费保障、档案管理情况等；信息化建设模块包含信息化平台建设及系统监测预警功能、网络安全管理情况等。

4.1.3.2 管理行为维度

在调水工程整体和单项工程标准模块化分解基础上，将各模块内容进一步细分为组织、制度、流程、条件、要求、行为等子模块（图 4-6）。

4.2 制定工作方案

理清管理事项后，调水工程管理单位应制定明确的工作方案，明确创建目标要求，制定管理标准，明确标准化管理流程，科学设置工作岗位，编制工作手册，制定创建计划，确定工作保障措施。

4.2.1 明确创建目标要求

按照《水利部关于推进水利工程标准化管理的指导意见》确定的目标，2025 年前大中型调水工程基本实现标准化管理，2030 年前大中小型调水工程全面实现标准化管理。调水工程管理单位应根据时间节点要求，结合自身实际情况，确定标准化创建目标、工作原则等，梳理明确创建参考依据，以标准化创建提升工程运行管理能力和水平，推进管理规范化、智慧化、标准化。

4.2.2 制定管理标准

调水工程管理单位应根据制定的模块化事项清单，针对评价标准中标准化基本要求，逐条制定管理标准并形成管理标准体系，包括管理组织标准体系、管理制度标准体系、管理流程标准体系、管理条件标准体系、管理要求标准体系、管理行为标准体系等。

4.2.3 明确标准化管理流程

在制定管理标准后，调水工程管理单位应当根据标准（专业元素）逐条制定工作流程，对照第 2 章标准详解中条文解读、备查资料等要求，明确每条标准达标路径，先梳理所有流程清单，再进行归类、合并，确保切合实际、便于操作，为实现管理标准落地生效打下基础。

4.2.4　科学设置工作岗位

为加强调水工程管理，保证工程安全，充分发挥工程效益，规范调水工程管理单位的岗位设置和岗位定员，根据各类调水工程管理单位定岗标准，按照模块划分及管理事项梳理清单，合理设置工作岗位，明确岗位标准及岗位职责，确保各管理事项落实到具体岗位与人员。

4.2.5　编制工作手册

为进一步明确标准化管理调水工程创建要求，提高创建质量与效率，调水工程管理单位应按照相关标准要求，认真编制标准化管理工作手册。编制标准化管理工作手册是创建标准化过程重要事项，手册编写质量是评价重要内容，各单位应高度重视。

标准化工作手册作为创建标准化应用指南，内容应根据实际尽量详细，文字力求简单明了，确保工作手册针对性和可操作性强。手册宜包括调水工程整体与单项工程设计功能、调水工程管理单位管理任务与职责、创建目标、工作原则、参考依据、创建计划、管理事项清单、管理标准、达标流程、工作岗位设置、保障措施等章节，各单位可根据实际情况增加相关章节或内容。

示例：

调水工程标准化管理工作手册目录

1 创建目标

2 工作原则

3 参考依据

4 工程设计功能

5 单位管理任务与职责

6 管理事项清单

7 管理标准

8 达标流程

9 工作岗位设置

10 保障措施

11 其他

附件

4.2.6 制定创建计划

调水工程管理单位应根据制定的创建目标、工作原则，制定创建总体计划与节点计划，绘制进度计划横道图。创建总体计划分阶段即可，节点计划应细化到月、明确到事，保障计划切合实际、可操作性强。首先应当制定计划根据定岗定员工作要求开展工作岗位调整，实现人岗相适；其次要根据创建计划与管理标准，对照管理事项清单，查找工程现场与软件资料等存在问题，梳理问题清单，制定问题整改方案，明确整改措施、整改责任人与整改期限等。

4.2.7 确定工作保障措施

（1）加强组织保障。调水工程管理单位成立标准化创建领导小组，并根据实际情况成立相应工作组、专家组，明确领导小组、工作组、专家组职责与任务分工。工作组择优选择经验丰富的人员，确保创建工作高效推进。定期召开创建领导小组会议，加强创建过程交流、监管，各工作组、相关单位等相互配合，充分征求专家组意见，保障各方形成合力。

（2）落实经费保障。根据创建需要，设立标准化创建专项经费，确保经费落实到位，并保障专款专用。

（3）做好宣传引导。通过线上线下会议、专题培训等方式学习了解调水工程标准化管理的总体目标、管理要求、工作内容、实施进度，积极营造有利于推进调水工程标准化管理创建的良好氛围。

（4）严格监督检查。将标准化管理建设纳入调水工程管理单位考核中，定期开展监督检查，对工作推进缓慢、问题整改不力的，严肃追责问责。

（5）其他保障措施。根据需要确定标准化管理创建咨询单位，提供创建咨询服务、现场指导及参与创建验收等。

4.3 实施工作方案

工作方案制定后，调水工程管理单位应根据工作手册开展标准化创建，对照标准条款，查缺整改，准备工程管理备查资料等。

4.3.1 对照查缺整改

对照标准化管理工作手册，检查调水工程整体和单项工程的问题，将问题分为设备设施与软件资料两类。设备设施类问题可分为立行整改和限期整改两类；软件资料类问题可分为立行立改、限期整改和长期坚持三类。同时应当针对不同问题分别制定整改方案，按时逐条整改到位。立行立改与限期整改问题应当到期检查整改情况，长期坚持问题需要定期检查整改情况。

4.3.2　标准化管理工作手册执行和完善

调水工程管理单位应根据制定的标准化管理工作手册与明确的创建目标、计划等有序实施，严格落实组织、技术、经费等保障措施，对标对表高质量开展各项创建工作，确保单项工程、调水工程整体所有事项严格执行管理标准，满足管理标准要求。在创建过程中，调水工程管理单位应根据实际情况，依据标准规范要求，优化完善工作手册，并将标准化创建与日常工作有机结合，切实提高调水工程标准化管理水平，确保工程运行安全和效益持续发挥。

4.3.3　工程管理资料汇编

调水工程管理单位应根据评价标准与档案管理要求认真准备工程管理相关资料，调水工程整体和单项工程应分别梳理工程管理资料目录，按类别整理归档。调水工程整体资料按系统完备，安全可靠，集约高效，绿色智能，循环通畅、调控有序五个类别，单项工程资料按工程状况、安全管理、运行管护、管理保障、信息化建设五个类别。资料年限要求，评价标准中明确 1 年的工作，提供 1 年相关资料，未明确的均应按近 3 年资料准备。

4.4　开展工程自评

工作方案实施后，调水工程管理单位根据单项工程、调水工程整体评价标准中水利部评价标准，组织开展工程自评，并编制自评报告。如自评结果总分未达到 920 分（含）以上，或有类别评价得分低于该类别总分的 85%时，应进一步对标找差、完善整改，直至满足申报要求。

4.5　准备申报材料

工程自评合格后，调水工程管理单位根据要求准备申报材料，主要包括管理单位概况、评价申请表、自评报告、评分表、一年内无生产安全事故证明材料等，做好水利部评价准备。

4.6 申报标准化管理单位

调水工程按照《指导意见》和《评价办法》确定的程序进行申报、评价工作。

4.6.1 申报

省级水行政主管部门负责本行政区域内所管辖调水工程申报水利部评价的初评、申报工作。流域管理机构负责所属调水工程申报水利部评价的初评、申报工作。跨省调水工程，原则上由统一的水管单位初评后，直接申报水利部评价；涉及多个水管单位的，也可分段由省级水行政主管部门负责申报水利部评价的初评、申报工作。

调水工程通过初评后，可申报水利部评价。

4.6.2 评价

申报水利部评价的工程，由水利部按照工程所在流域委托相应流域管理机构组织评价。流域管理机构所属或涉及多个流域管理机构的工程，由水利部或其委托的单位组织评价。评价时，主要对调水工程进行整体评价，同时选取部分单项工程进行复核。如一个单项工程复核不满足单项工程评价标准，则调水工程不能认定为水利部标准化管理工程。

第5章　调水工程标准化创建案例

5.1　南水北调东线一期江苏段工程标准化创建案例

5.1.1　标准化创建介绍

5.1.1.1　工程概况

1. 工程基本情况

南水北调工程是我国水资源优化配置，解决北方地区缺水的一项战略性基础设施工程，分别在长江下游、中游、上游规划了三个调水区，形成了南水北调工程东线、中线、西线三条调水线路。南水北调东线工程是在江苏省江水北调工程基础上扩大规模，向北延伸，从长江干流扬州市江都三江营段取水，以京杭运河为输水线，新辟运西支线，逐级提水北上，并以洪泽湖、骆马湖、南四湖、东平湖作为沿线主要调蓄水库。东线输水干线总长为1156km，共设置13个梯级泵站，总扬程为65m。江苏境内输水干线为404km，建设9个梯级，总扬程为40m左右。

东线一期工程抽江规模由原有的400m^3/s扩大到500m^3/s，并实现向山东半岛和黄河以北各调水50m^3/s目标。多年平均抽江水量为89亿m^3，新增供水36.01亿m^3，其中江苏19.25亿m^3、安徽3.23亿m^3、山东13.53亿m^3。

南水北调东线一期江苏段工程于2002年12月开工建设，在原有以京杭大运河为输水干线的江水北调工程基础上，新建宝应站、淮安四站等11座泵站，改扩建泗阳站、刘山站等3座泵站，加固改造江都三站、四站等4座泵站，修整金宝航道、淮安四站输水河道等4条输水河道，形成了江苏境内运河、运西双线输水格局。2013年5月主体工程全面建成，提前实现了江苏省委省政府确定的“工程率先建成通水，水质率先稳定达标”的总体目标。2022年3月，南水北调东线一期江苏境内调度运行管理系统顺利通过完工验收。至此，南水北调东线一期江苏境内调水工程全部通过完工验收，工程建设任务实现圆满收官。

南水北调东线一期江苏段工程先后有宝应站、淮安四站、淮阴三站、解台站、江都站改造等10个工程荣获“中国水利优质工程（大禹）奖”，泗洪站、洪泽站等2个工程已通过“中国水利优质工程（大禹）奖”现场复核，刘老涧二站荣获“国家优质工程奖”，睢宁二站、泗洪站枢纽、洪泽站等7个工程被评为“江苏省水利优质工程”，南水北调江苏境内工程荣获“国家水土保持生态文明工程”。南水北调东线一期江苏段工程在工程质量、建设管理、工程效益和社会影响等方面赢得社会充分肯定。

2. 工程管理模式

江苏南水北调新建工程目前由南水北调东线江苏水源有限责任公司（以下简称“江苏水源公司”）负责管理。多年以来，江苏水源公司立足“完善顶层设计、落实中间监管、强化现地执行”，不断构建完善三级管理体系，建立健全各级管理机构职责和工作机制。按照“公司、分公司、现场管理单位”三级管理体系，在健全完善公司职能部门的同时，先后组建了扬州、淮安、宿迁、徐州、科信五个分公司以及水情分中心和水文水质监测中心，成立江苏泵站技术有限公司、项目管理公司等二级专业子公司。同时，为了适应信息化、自动化发展需求，江苏水源公司在南京和扬州分别组建了调度中心和集控中心，调度中心负责信息化系统支撑、研发、运行、维护，优化调度及水情分析等工作，集控中心负责调接受调度指令并对工程进行集中控制等工作。

在组建现场管理单位方面，江苏水源公司通过组建骨干队伍直接管理和市场化委托（招标）管理相结合的方式，共组建落实20个现场管理单位和管理队伍，其中江苏水源公司直接组建泗洪站、洪泽站、解台站及宝应站4个泵站管理所，委托江苏省水利厅属管理处、市县水利局成立了16个工程管理项目部，满足了工程运行管理要求。

3. 管理科技创新情况

为进一步推进江苏省南水北调工程数字化转型和智慧化管理，实现对传统水利工程管理方式的数字化改造与提档升级，江苏水源公司围绕“远程集控、智能管理”的总体目标开展调度运行管理系统建设工作，该系统建设内容包括信息采集系统、通信系统、计算机网络、工程监控与视频监视系统、数据中心、应用系统、实体运行环境和网络信息安全8个部分。其中应用系统是用户直接使用的与业务有关的各子系统的集合，分为水量调度系统、工程管理系统、工程安全管理系统、水文水质监测中心信息系统、纪检监察信息系统、资产管理系统及综合辅助系统。水量调度系统用于实现科学水量调度，包括调度信息管理、调水方案管理、实时调度指令管理等。工程管理系统用于实现工程管理、考核管理信息化，包括工程综合信息管理、工程维护管理、工程防汛管理等。

2022 年江苏水源公司调度运行管理系统建成通过验收并投入运行，系统获评江苏省优秀水资源成果特等奖、江苏省智慧江苏标志性工程。在当年北延应急供水和江苏省内抗旱运行期间，江苏水源公司管辖范围内有 10 座泵站在远程集控模式下投入运行，实现了远程一键启停泵站主机组。

4. 工程效益发挥情况

在调水出省方面，截至 2022 年，江苏省南水北调工程新建工程与江水北调工程“统一调度、联合运行”，连续 9 年完成国家下达的调水出省任务，各泵站累计运行约 30.5 万台时，抽水为 290.32 亿 m^3，调水出省 56.6 亿 m^3，其中最高年份达 10.88 亿 m^3，为缓解北方水资源短缺作出重要贡献。

在生态补水方面，2014 年，江苏省南水北调新建工程参与国家防总牵头组织的南四湖生态应急调水，各泵站累计运行 0.97 万台时，抽水为 9.73 亿 m^3，调水入南四湖 0.81 亿 m^3，南四湖下级湖水位上涨 0.44m，湖区水面面积较调水前增加约 99km^2，湖区生态环境明显改善。

5.1.1.2　标准化创建情况

南水北调东线一期江苏段工程由泵站工程、水闸工程及堤防工程三类工程组成，江苏水源公司针对三类工程分别开展标准化创建工作。

1. 标准化管理建设历程

2016 年，江苏水源公司提出开展工程管理“规范化、标准化、精细化、信息化”（以下简称“四化”）建设，在充分调研行业内先进单位的基础上，着手编制四化建设方案。

2017 年，印发《南水北调江苏境内工程管理“四化”建设实施方案》，明确标准化建设实施基本原则、工作组织及分工、创建计划节点等内容。

2018 年，江苏水源公司经过一年的创建，基本完成管理组织、制度、表单、流程、条件、标识、行为、要求等“8S”建设，并在泗洪站进行试点，随后在各泵站工程进行推广。

2020—2021 年，江苏水源公司基本完成泵站工程标准化创建工作，针对泵站工程标准化现场应用存在的问题，先后开展三轮“回头看”审查，总结建设经验及存在不足，进一步提高标准化成果可操作性。同时，分别以金宝航道金湖段、大汕子枢纽为试点，完成河道、水闸工程“10S”标准化试点创建，形成江苏省南水北调工程标准化全覆盖。

2021年，江苏水源公司出版《大型泵站标准化管理》系列丛书，2022年印发河道、水闸工程企业管理标准。

2. 标准化管理体系

江苏水源公司标准化管理体系又称为“10S管理体系”，该体系由“管理组织标准化体系、管理制度标准化体系、管理表单标准化体系、管理流程标准化体系、管理条件标准化体系、管理标识标准化体系、管理行为标准化体系、管理要求标准化体系、管理信息标准化体系、管理安全标准化体系”组成，如图5-1所示。

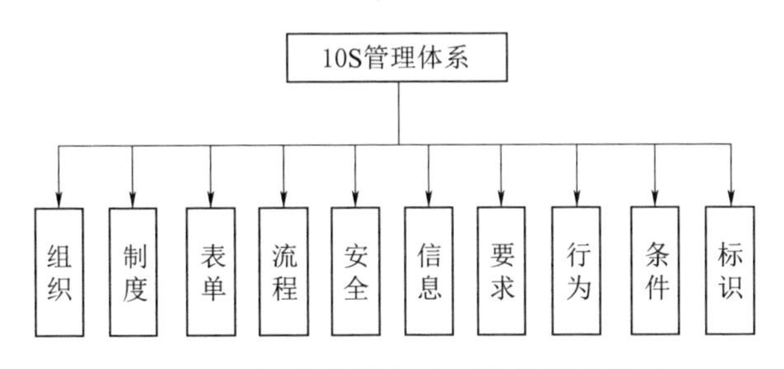

图5-1 江苏水源公司标准化管理体系

3. 标准化建设成果展示

（1）管理成效方面。一是构建了标准化的人力资源配置体系。管理组织标准化详细梳理并划分了管理事项，明确了岗位职责，实现了事项对岗不对人，可一人多岗，也可一岗多人，构建了标准化的人力资源配置体系，提高了管理效能。二是统一了工程管理制度，为工程管理打好基础。通过开展管理制度标准化工作全面统一了管理制度，解决了管理制度参差不齐的情况。三是提高了工作效率。管理流程标准化建立了高效、简洁的流程体系、管理表单标准化优化、简化了各类表单，减轻了人员工作量，提高了工作效率。四是规范了人员作业流程。管理行为标准化规定了机组操作、巡视巡察、机组大修、电气试验及工程观测等行为标准，保证了人员作业的规范性。五是安全生产得到保障。管理安全标准化建立了安全生产标准化管理体系，构建了安全生产长效机制，为安全生产提供了有力保障。

（2）设备设施方面。一是管理硬件配备齐全，布置合理。管理条件标准化明确了标准化管理所需的硬件配置及要求，并绘制了现场布置平面图。二是工程形象得到提升。管理标识标准化针对泵站管理公告类、名称类、指引类、安全类等标识标牌进行统一设计，提升了工程形象。三是设备设施安全可靠性得到提升。管理要求标准化明确了建筑物、机电设备、计算机监控系统等运行、维护及检查的具体标准，确保了设备设施安全可靠。四是工作环境得到改善。管理要求标准化对工作场所管理也提出明确要求，保证了工作场所宽敞、整洁，改善了工作环境。

5.1.2　标准化创建实施情况

2016年江苏水源公司提出开始标准化建设工作，其具体建设流程如图5-2所示。

5.1.2.1　明确标准化建设的主要方面

江苏水源公司在充分调研和吸收借鉴相关规范规程基础上，结合工程实际情况，提出从管理组织、制度、流程、表单、条件、标识、要求、行为、信息及安全等十个方面开展标准化管理体系建设。

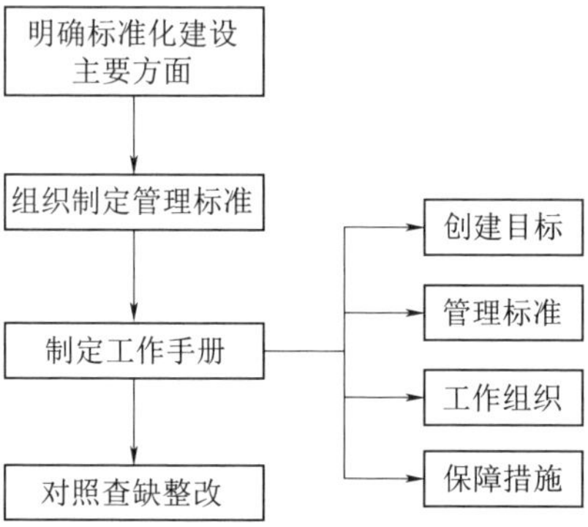

明确标准化建设主要方面
组织制定管理标准
制定工作手册
对照查缺整改
创建目标
管理标准
工作组织
保障措施

图5-2　江苏水源公司标准化建设流程

5.1.2.2　组织制定管理标准

1. 管理组织

管理组织是工程管理执行的主体，负责完成现场管理的各项工作。江苏水源公司管辖范围内工程类型有泵站工程、水闸工程和河道工程，根据工程管理实际，分别梳理泵站、河道和水闸工程管理工作内容，以泵站工程为例，管理工作内容分为管理组织、计划与考核、调度运行、工程检查、维修养护、评级与安全鉴定、安全管理、综合管理8类一级事项，并继续细化分为32个二级事项和146个三个事项，并将每一个事项对应到具体岗位。

示例：泵站工程现场管理单位组织架构，如图5-3所示。

2. 管理制度

制度是现场管理工作的基础。江苏水源公司按照综合管理、工程管理、安全管理三大类，梳理相关的制度目录，在广泛查阅行业内规程规范的基础上，结合江苏水源公司实际情况，修订管理制度内容。形成江苏南水北调工程制度汇编，用于指导泵站管理，解决参差不齐的管理现状。以泵站工程为例，梳理综合管理类制度9个，工程管理类制度17个，安全

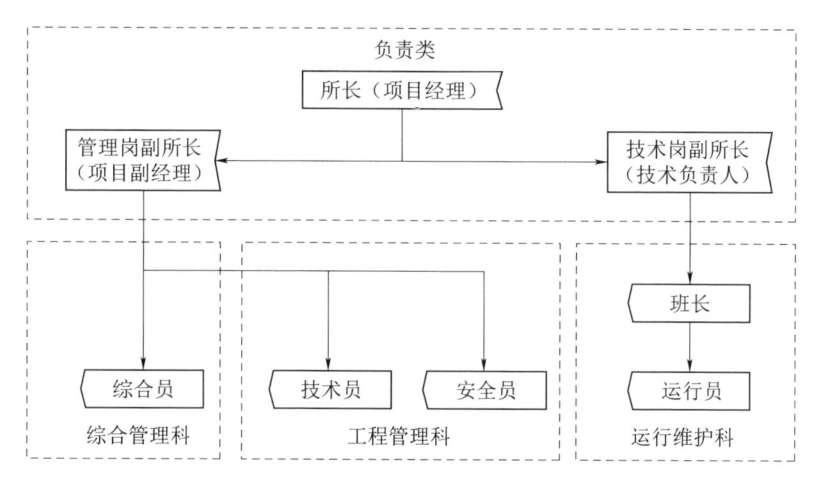

图 5-3 泵站工程现场管理单位组织架构图

管理类制度 19 个。具体制度名称如下：

（1）综合管理制度。请示报告制度、工程管理大事记制度、教育培训制度、物资管理制度、外来参观管理制度、环境卫生管理制度、档案管理制度、档案存档保管制度、档案查阅制度

（2）工程管理类制度。调度管理制度、操作票制度、交接班制度、巡回检查制度、值班管理制度、工程检查制度、设备定期试验和轮换制度、计算机监控管理制度、直流装置管理制度、设备缺陷管理制度、检修现场管理制度、工作票制度、工程观测制度、汛期工作制度、冬季防护工作制度、工程评定级制度、水文测报制度

（3）安全管理类制度。安全生产工作制度、安全生产目标管理制度、安全生产费用管理制度、安全生产例会管理制度、生产安全隐患排查治理制度、事故报告和调查处理制度、特种设备管理制度、消防安全管理制度、安全保卫制度、临时用电管理制度、用电安全管理制度、动火审批管理制度、危险物品管理制度、作业安全管理制度、相关方安全生产管理制度、安全用具管理制度、职业健康管理制度、重大危险源管理制度、应急管理制度。

3. 管理流程

流程是对制度和组织的一个解读，将制度规定的各项工作要求、顺序和组织中的管理岗位和管理事项相结合，提高制度执行、工作开展的规范性，同时也为信息化夯实基础。江苏水源公司根据划分的一级、二级管理事项，结合管理制度规定的各项工作要求、顺序，从工程调度、控制运

用、维修养护、检查观测、安全生产、综合管理等方面对管理流程内容进行了整理、归类，并根据三级事项的内容完善流程图。

示例：物资采购入库流程，如图5-4所示。

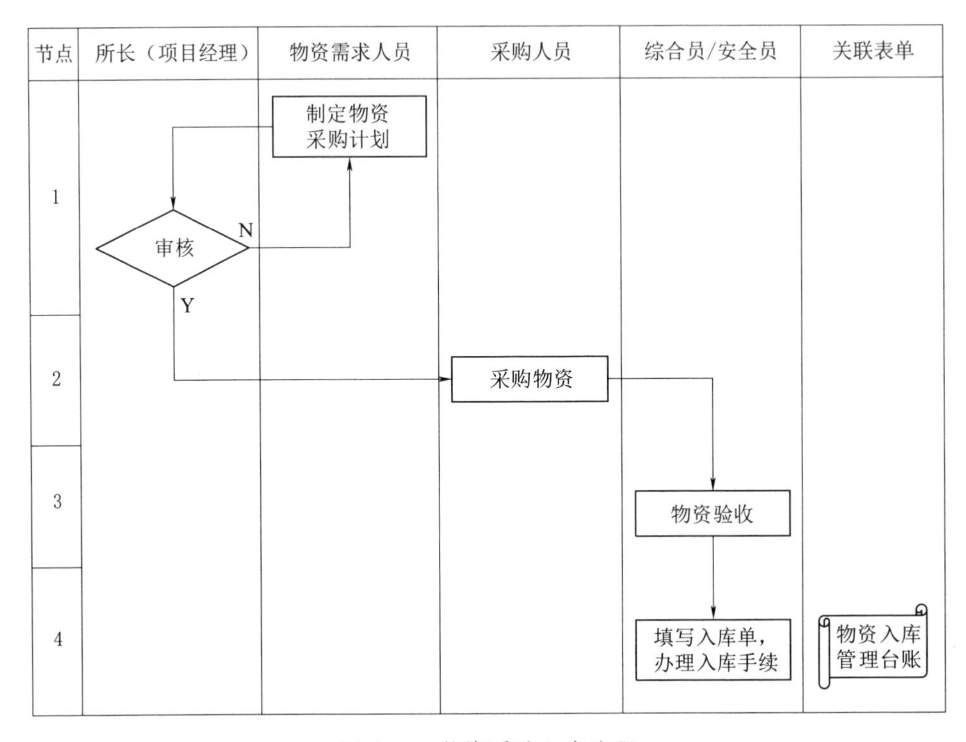

图5-4　物资采购入库流程

4. 管理表单

表单是组织行为的体现。主要借鉴行业管理先进经验，按照精细化、清单化管理理念，设计编制泵站综合管理、定期检查、经常性检查、特别检查、水下检查、等级评定、工程观测、设备台账、调度运行、安全管理等十类技术资料模板，并结合近年现场管理使用实际，对表单进行了简化、优化，更具可操作性。

示例：主水泵定期检查表，见表5-1。

5. 管理条件

管理条件主要根据泵站建筑物和每个设备间的布置情况，按照管理规程规范的要求，从硬件配置、上墙图表、安全防护、专用工具等方面来进行统一标准化的配置，明确设施、设备的参数要求，并绘制现场布置平面图。

表 5-1　　主水泵（卧式）定期检查表

名称			规格型号		
天气		温度/℃		湿度/%	
单位工程	检查部位	检查标准			检查结果
主机组系统	一	管理条件、设备外观			
	主水泵	水泵铭牌、编号、标识、标牌齐全，固定位置醒目，标识清晰			
		水泵表面清洁、无锈蚀、无渗漏			
		各管道、闸阀等按规定涂刷明显的颜色标志			
		各连接螺栓紧固、无松动			
		安全防护设施完好			
		水泵层照明设施完好			
		各管道连接无渗漏，支架紧固、无松动			
	二	机体部分			
	主水泵	填料函处填料压紧程度正常，运行中润滑水量正常			
		运行中水泵汽蚀、振动和声音无异常			
		填料函处无偏磨和过热现象			
		泵轴机械密封或填料密封良好，运行中漏水量正常			
		齿轮箱振动数值、油位、油色、油质符合要求，运行声响正常，端面无渗漏油现场			
		推力轴承油位、油质、油温符合要求，运行稳定，无异常振动、声响			
		全调节水泵调节机构灵活可靠，叶片角度指示与实际情况相符合，温度、声音正常并无振动及渗漏油现象			
		空气围带密封良好			
结论、整改建议					

示例：GIS开关室管理条件配置，见图5-5和表5-2。

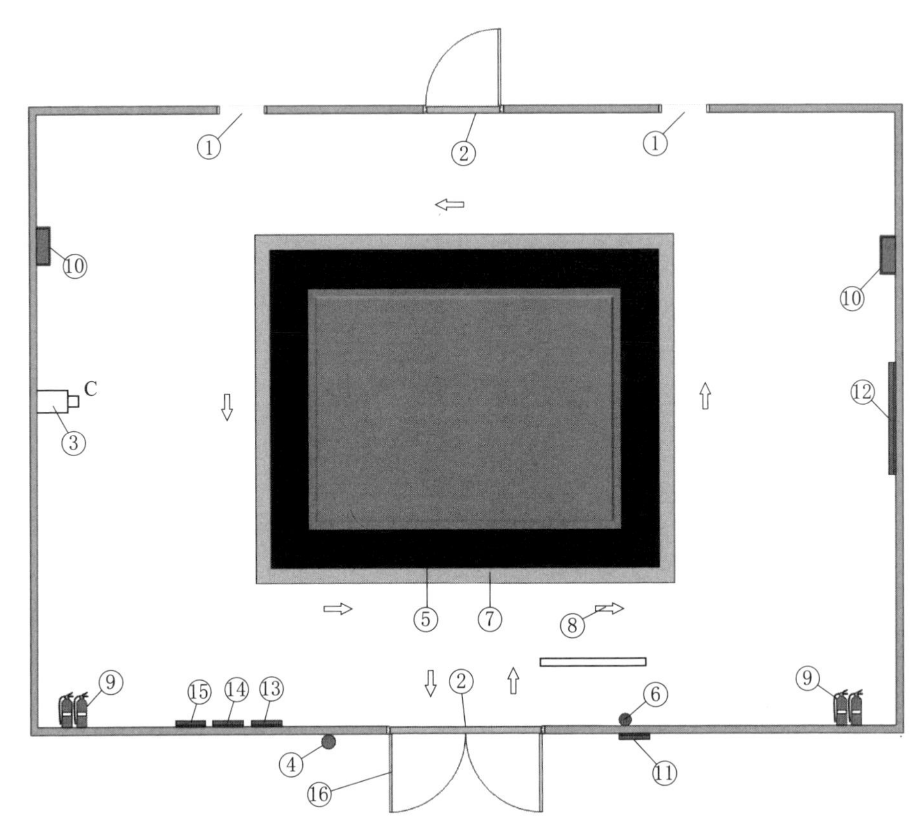

图5-5　GIS开关室管理条件配置示意图

表5-2　　GIS开关室管理条件配置表

序号	管理条件	配置要求
①	通风设施	1台送风机（上部），1台抽风机（下部），15min内换气量应达3～5倍的空间体积，通风孔应设防止鼠、蛇等小动物进入网罩
②	挡鼠板	配备40cm高的不锈钢材质的挡鼠板，并张贴必要的警示标志，参数详见《管理标识》
③	摄像机	电气柜正面配置一台智能球机，满足工程监控要求
④	气体监测装置	低位区应配备SF_6气体泄漏监测装置，监测SF_6和O_2的浓度

续表

序号	管理条件	配置要求
⑤	绝缘垫	在GIS设备四周铺设厚度为12mm的绿色绝缘垫，室内继电保护控制柜、弱电控制箱前后铺设厚度为5mm的黑色绝缘垫
⑥	温、湿度监测装置	配置1台数字式温度、湿度监测仪，可预留接口接入自动化系统
⑦	警示线	在GIS、控制柜绝缘垫周围粘贴警示线
⑧	巡视路线标识	沿巡视路线在地面粘贴巡视路线标识，参数详见《管理标识》
⑨	安全消防装置	按消防设计要求布设火灾报警装置，配备足量的灭火器，灭火器应设置在位置明显和便于取用的地点，且不得影响安全疏散
⑩	照明设施	配备必要的日常照明，并配备应急照明灯及应急逃生指示灯
⑪	配置标准牌、职业危害告知牌	距室外门框右侧30cm处设置标牌，底部宜距地面1.4m，参数详见《管理标识》
⑫	电气一次主接线图	室内右侧墙面居中位置处设电气一次主接线图，底部宜距地面1.4m，参数详见《管理标识》
⑬	主要巡视检查内容	距室内门框左侧50cm处设置主要巡视检查内容，底部宜距地面1.4m，参数详见《管理标识》
⑭	危险源告知牌	安装位置如图所示，与相邻标牌间距30cm，底部宜距地面1.4m，参数详见《管理标识》
⑮	日常维护清单牌	安装位置如图所示，与相邻标牌间距30cm，底部宜距地面1.4m，参数详见《管理标识》
⑯	门	采用防火门，开启方向为向外开启

6. 管理标识

标识标牌是硬件配置的重点，也是现场管理的一个展示。现场标准化做得如何，第一直观印象就是现场标识布置是否合理、是否齐全、是否准确。该标准主要设计泵站管理公告类、名称类、指引类、安全类等标识标牌，并按照设备间、工程部位等分类明确现场所需标识，展示管理窗口形象。

示例：工程区域内导示牌，见图5－6。

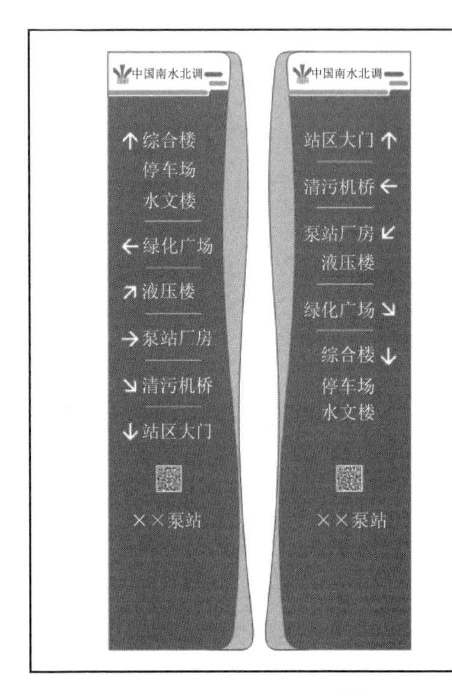

参数标准

规格：500mm（宽）×2000mm（高）×100mm（厚）（按实际情况等比例放大或者缩小）。

颜色：颜色采用蓝色作为底色，字体为微软雅黑，白色。

工艺：1.5mm厚度304＃不锈钢激光切割，刨槽折弯烤漆，图文镂空衬亚克力乳白板，内置LED模组灯。

安装位置

站区路口或转角处。

图5－6　工程区域内导示牌

7. 管理要求

管理要求是对泵站工程设备、设施管理的一个约束性条款，主要参照国家、行业等有关规程规范要求，对工程的水工建筑物、机电设备、自动化监控系统等硬件设施设备的管理要求统一技术标准，列出科学、详细、量化的管理标准清单。

示例：泵房管理要求，见表5－3。

表5－3　泵房管理要求

序号	项目	管理标准
1	一般要求	（1）环境整洁，泵房内外无垃圾杂物，室内室外每天打扫1次卫生； （2）泵房窗户、玻璃及落水管无破损，保持门窗清洁，泵站玻璃幕墙每年至少全面保洁1次； （3）泵房表面应无破损剥落、露筋、钢支撑构件锈蚀等现象； （4）进出水流道和水下建筑物无裂缝和渗漏； （5）泵房无渗漏，通风良好

续表

序号	项目	管理标准
2	照明要求	室内日常照明设备良好，事故照明正常
3	配置要求	满足《管理条件-电机层、联轴层、水泵层》配置要求
4	巡视路线	泵房内应设置巡视路线标识
5	维护要求	（1）按规范开展建筑物垂直位移、水平位移和伸缩缝的观测，当产生不均匀沉降影响建筑物稳定时，应及时报告并采取补救措施； （2）泵房屋面排水设施应完好无损，天沟及落水斗、落水管应保证排水畅通，屋面应无渗漏雨现象
6	运行期巡查	每班1次，巡视内容及要求按照《管理表单-运行巡视检查记录表》
7	经常性检查	每月不少于1次，按照《管理表单-经常性检查记录》进行
8	定期检查	每年2次，分别为汛前定期检查与汛后定期检查，按照《管理表单-建筑物定期检查表》执行
9	特别检查	在地震、大风、暴雨等自然灾害或重大工程事故、超标准应用时应开展特别检查，按照《管理表单-特别检查》开展
10	水下检查	每2年对泵站进出水流道组织1次水下检查。遇到突发故障或事故，根据工作需要，可及时组织水下检查。按照《管理表单-泵站工程水下检查记录》进行
11	设备评定级	每2年1次，按照《管理表单-主泵房等级评定表》开展

8. 管理行为

管理行为主要对操作、运行巡视、机组大修、电气试验、工程观测、养护等方面的行为进行规定，明确行为标准，同时编制了相应的作业指导书，包括泵站操作作业指导书、泵站运行巡视作业指导书、泵站养护工作清单、机组大修作业指导书、电气试验作业指导书、工程观测作业指导书6部分。

示例：江苏水源公司机组大修解体一般要求如下：

（1）机组解体即机组的拆卸，是将机组的重要部件依次拆开、检查和清理。

（2）机组解体的顺序应先外后内、先部件后零件的程序原则，解体应准备充分，有条不紊、秩序井然，排列有序。

（3）各分部件的连接处拆卸前，应查对原位置记号或编号，用钢字码或油漆笔打上印记，确定方位，使复装后能保持原配合状态，拆卸要有记录，总装时按照记录安装。

（4）零部件拆卸时，应先拆销钉，后拆螺栓。

（5）螺栓应按部位集中存放，并根据锈蚀情况进行除锈保养或购新，防止丢失锈蚀。

（6）零件加工面不应敲打或碰伤，如有损坏应及时修复。清洗后的零部件应分类摆放，用干净木板垫好，避免碰伤，并用布盖好。大件存放应用木方垫好，避免损坏零部件的加工面或地面。

（7）零部件清洗时，宜用专用清洗剂清洗，周边避免零碎杂物或易燃易爆物品，严禁火种。

（8）螺栓拆卸时应配用套筒扳手、梅花扳手、呆扳手和专用扳手。精制螺栓拆卸时，不能用手锤直接敲打，应加垫铜棒或硬木，锈蚀严重的螺栓拆卸时，不应强行扳扭，可先用除锈剂，然后用手锤从不同方位轻敲，使其受震动松动后，再行拆卸。

（9）各管道或孔洞口，应用盖板或布进行封堵，压力管道应加封盖，防止异物进入或介质泄漏。

（10）清洗剂、废油应妥善处理回收，避免造成污染和浪费

（11）部件起吊前，对起吊器具进行详细检查，并试吊以确保安全。

（12）解体过程中，应注意原始资料的搜集，对原始数据必须认真测量、记录、检查和分析。针对该泵型，需要搜集的原始资料主要包括：伸缩节长度、叶片间隙、转动部件同轴度及跳动、固定部件垂直度及水平等数据，以及叶片、叶轮室汽蚀情况的测量记录，各部位漏油、甩油情况的记录，零部件的裂纹、损坏等异常情况记录等。

9. 管理信息

根据江苏水源公司调度系统建设和现地自动化改造，从现场角度明确泵站自动监控系统、视频监视与安防系统、管理信息系统的软硬件要求、运行维护要求等内容。

示例：系统维护周期表，见表5-4。

表 5-4 系统维护周期表

工作内容	维护对象							
	物理环境	计算机网络	服务器	终端	储存系统	备份系统	视频系统	业务系统
巡检	每月	每月	每月	每月	每月	每月	每月	每月
监控	每日	每日	每日	每日	每日	每日	每日	每日
例行维护		每季度	每季度	每季度	每季度	每季度	每季度	每季度
响应式维护		当日	当日	当日	下一工作日	下一工作日	下一工作日	当日
设施保养	每季度							
故障处置	实时	实时	实时	实时	实时	实时	实时	实时
分析总结	每年	每年	每年	每年	每年	每年	每年	每年
资料整理	每年	每年	每年	每年	每年	每年	每年	每年

10. 管理安全

梳理江苏水源公司安全生产标准化达标创建对现场管理单位的要求，结合工程特点，建立并保持安全生产标准化管理体系，通过自我检查、自我纠正和自我完善，构建安全生产长效机制，持续提升安全生产绩效。

示例：危险源管理要求如下：

（1）工程运行管理方面，应当按照风险管理规章制度和调度运行管理规章制度的规定，定期对水闸运行管理、泵站运行管理等方面的辨识出来的重大危险源进行检查、检验，确保重大危险源的风险可控；在工程维修养护方面，应当按照风险管理规章制度和维修养护管理规章制度的规定，对辨识出来重大危险源进行检查、检验，确保重大危险源的风险可控；在办公场所，应当按照消防法及消防安全管理规章制度的规定，对辨识出来重大危险源进行检查、检验，确保重大危险源的风险可控。

（2）在重大危险源现场设置明显的安全警示标志和危险源点警示牌或以危险告知书形式上墙告知、提醒。公示内容包括：危险源的名称、级别、部门级负责人、现场负责人、监控检查周期等。因工作需要调整重大危险源（点）负责人，应在警示牌上及时更正。

（3）管理单位制定相应的重大危险源应急救援处置方案，并定期组织培训和演练，每年至少进行一次重要危险源应急救援预案的培训和演练，并及时进行修订完善。

5.1.2.3　制定工作手册

1. 标准化创建目标

江苏水源公司标准化创建目标：构建更加科学、规范、先进、高效的现代化工程管理体系，做到“组织系统化，权责明晰化，业务流程化，措施具体化，行为标准化，控制过程化，考核定量化，奖惩有据化”，实现南水北调东线江苏段工程管理的规范化、标准化、精细化、信息化。

2. 建立工作组织

为扎实推进“标准化”建设，提高工作成效，保质保量完成创建任务，江苏水源公司成立了“南水北调江苏境内工程管理标准化建设领导小组”，下设两个工作组，一个专家组和两家咨询单位，如图 5－7 所示。

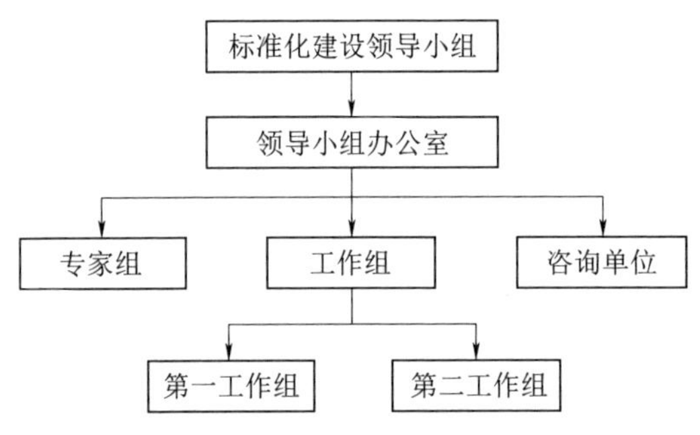

图 5－7　江苏水源公司标准化建设工作组织

标准化建设领导小组主要职责：负责南水北调东线江苏境内工程管理“标准化”建设总体方案审批，负责“标准化”建设的总体部署、协调，指导开展“标准化”建设具体工作、督查工作推进进度。

领导小组办公室主要职责：负责牵头协调“标准化”创建相关事宜，开展创建工作督查，建立工作组创建月会商机制，组织有关专家召开阶段成果咨询会，整理汇编创建最终成果等。

专家组主要职责：负责对建设阶段成果、技术标准、作业指导书把关，召开阶段性审查会，及时完善成果。

第一工作组主要职责：负责制度标准化、行为标准化、流程标准化和条件标准化，参与资料标准化、安全标准化和信息标准化工作。

第二工作组主要职责：负责组织标准化、资料标准化、要求标准化以及标志标识标准化，重点抓好试点泗洪站标准化建设，参与安全标准化和信息标准化工作。

咨询单位主要职责：负责设计符合国家有关规范要求的南水北调江苏境内闸站、河道等工程管理相关的各类标志标识编辑成册，具备出版条件；按照水利部安全生产标准化建设要求提供创建咨询服务、现场指导服务以及参与创建验收等相关事宜。

3. 完善保障措施

江苏水源公司标准化创建主要保障措施有：充分发挥专家组和咨询单位作用、抓好试点站建设、开展效能督察，严格考核。

5.1.2.4 对照查缺整改

（1）问题自查。江苏水源公司统一部署，各工程管理单位全面开展标准化自查工作，详细对照“10S”标准化管理要求查找工程中存在的问题，同时结合外部单位检查发现的标准化相关问题形成问题台账。

（2）问题整改。江苏水源公司将标准化存在问题分为软件资料类和硬件类问题。软件资料类问题主要是制度、表单、台账、行为等与标准不符的问题，对于此类问题主要是要求工程管理单位依照标准化管理标准限期整改；硬件类问题主要是标识标牌、机电设备、水工建筑物等存在的问题。对于此类问题需制定具体整改方案后落实整改。

5.1.3 特点和难点

5.1.3.1 标准化创建特点

（1）系统性。“10S”标准化管理体系覆盖了工程管理、安全管理、综合管理及组织管理等现场管理的各个方面，将具体工作落实到每一个岗位，实现全方位、全过程、全岗位的标准化管理。

（2）科学性。管理制度、流程设计、工作分解、岗位职责、管理标准等方面科学合理、相互协调，形成一个职责分明、运转有序、持续改进的有机整体。

（3）可操作性。江苏水源公司标准经过使用及“回头看”提升，充分吸收一线运行管理人员意见和建议，对标准化成果进行了优化，管理标准的可操作性强。

（4）广泛适用性。江苏水源标准化管理模式除在南水北调江苏境内工程实施外，还以技术咨询的方式，推广至杭州三堡泵站、湖北兴隆水利枢纽及引江济汉工程、新疆塔里木河流域骨干工程、丹江口水利枢纽等一批国内重点工程。

5.1.3.2 标准化创建难点

（1）在总体建设规划方面，江苏水源公司在调研相近行业先进管理单位基础上，从日常管理角度出发，参考水利工程管理单位考核办法，提出构建工程管理十大标准化体系，即管理组织、制度、表单、流程、条件、标识、行为、要求、信息、安全标准化体系，并依照泵站工程、水闸工程、河道工程的顺序依次开展标准化建设。

（2）在制定管理标准方面，南水北调东线一期江苏段工程大型泵站群是世界上规模最大的泵站群，具有规模庞大、结构复杂、功能综合、影响因素众多的特点，制定出一套科学合理、可操作性强且具有普遍适用性的管理标准至关重要。江苏水源公司结合工程管理实际情况，组织在工程运行管理方面具有丰富经验的工作人员提出相关标准，并开展试点应用工作，根据试点工作开展情况进一步修订完善管理标准，并推广至其他管理单位。

（3）在推动管理标准落地方面，针对部分管理单位标准化贯彻落实不彻底问题，江苏水源公司通过管理标准宣贯、技能培训以及考核评价等方式，加强员工标准化观念，提高员工素质，激发员工落实标准化管理工作的积极性，进一步推动了标准化管理落地生效。

（4）在管理资料方面，水利工程管理单位考核、安全生产标准化和"10S"标准化对于管理资料要求各有差异。江苏水源公司借助信息化手段构建工程信息库，编制设备编码，录入工程现场所有硬件设备信息，在信息化系统中嵌入管理流程与表单，工程管理人员借助信息化系统可实现数据录入、整理与分析，实现巡视巡查、物资出入库等工程管理行为与数据信息互通。同时将信息化系统文件归档，与档案管理系统对接，实现管理资料统一管理。

5.1.4　经验与后续

5.1.4.1　标准化建设经验

（1）管理标准的制定需要充分结合工程实际状况。各调水工程之间互有差异，在调水工程管理标准制定过程中需要在相关国家、行业标准的基础上充分结合自身工程实际，发动工程管理人员广泛参与到标准的制定中，注重标准在本调水工程中的科学性和可操作性，制定出符合工程发展需求且工程管理人员认同的标准。

（2）在标准应用中不断完善标准。江苏水源公司在推动标准落地生效过程中三次开展"回头看"审查工作，总结建设经验及存在不足，进一步完善了标准化成果，提高了标准的可操作性和科学性。

（3）充分调动工程管理人员落实标准的自觉性。落实标准化管理工作的关键就是提高员工的高度自觉性。让标准化管理真正深入人心，成为每一名工程管理人员都自觉遵守的行为，自觉按照标准化的管理理念开展工作，让标准成为习惯，让习惯符合标准，让结果达到标准，就会实现事事有标准、人人讲标准、处处达标准的工作目标。

(4) 推动工程管理信息化工作。工程管理信息化是工程管理工作与信息化技术的融合，以信息化平台为载体，推动标准的普及和执行，可以更好发挥信息技术高效互通集成优势，确保标准执行不打折、不变形、不走样。

5.1.4.2 后续工作安排

(1) 开展数字孪生建设工作。2021年水利部发布《关于大力推进智慧水利建设的指导意见》，提出按照"需求牵引、应用至上、数字赋能、提升能力"要求，加快建设数字孪生工程。江苏水源公司积极响应，认真研读有关文件，系统梳理现有建设基础，完成数字孪生建设规划。下一步江苏水源公司将继续开展数字孪生建设工作，建设数据地板，构建工程专业模型，实现工程安全智能分析预警，超前精准预报、灾害预警发布、调度模拟预演、预案优化修正等功能。

(2) 继续发挥南水北调东线一期江苏段工程在抗旱、排涝以及通航等设计外的生态和社会效益。

(3) 持续开展精神文明单位建设。

5.2 胶东调水工程标准化创建案例

5.2.1 标准化创建介绍

5.2.1.1 工程概况

1. 工程基本情况

山东省胶东调水工程是山东省骨干水网的重要组成部分，由引黄济青工程和胶东地区引黄调水工程组成。

引黄济青工程主要是为解决青岛市及工程沿途城市用水并兼顾农业用水、生态补水而投资兴建的山东省大型跨流域、远距离调水工程，是国家"七五"期间重点工程。该工程自滨州市博兴县打渔张引黄闸引取黄河水，途经滨州、东营、潍坊、青岛4市、10个县（市、区），至青岛白沙水厂，全长为290km。工程开辟输水明渠250多km，穿越大小河流36条，各类建筑物450余座，设6级提水泵站、1座大型调蓄水库和1座沉沙池。工程于1986年4月15日开工建设，1989年11月25日正式建成通水，核定工程总投资9.62亿元。

胶东地区引黄调水工程是为缓解胶东地区水资源短缺矛盾、改善水生态环境、构建山东大水网体系、实现全省水资源优化配置而实施的远距离、跨流域、跨区域重大战略性民生工程。工程自滨州市博兴县打渔张引黄闸引取黄河水，自滨州（博兴）小清河子槽上节制闸引取长江水，途经滨州、东营、潍坊、青岛、烟台、威海6市16个县（市、区），输水线路总长482km（其中利用引黄济青既有输水线路172km，新辟输水线路310km）。工程新建160km明渠、150km管道（暗渠），7级提水泵站、5座隧洞、6座渡槽、19座倒虹吸，以及桥、涵、闸等建筑物467座。工程于2003年12月开工建设，2013年7月实现主体全线贯通，2013年底完成综合调试及试通水。2019年12月19日，工程通过省水利厅组织的竣工验收，正式由建设阶段转入管理运行阶段。工程设计年调水规模3.83亿m^3，受水区面积为1.56万km^2，供水目标以城市生活用水与重点工业用水为主，兼顾生态环境和部分高效农业用水。工程核定概算总投资56.2亿元。

2. 信息化建设情况

山东省胶东调水工程自动化调度系统于2018年开工建设，2021年建成并验收投运，项目总投资5亿元，敷设光缆2034km，安装传输及网络设备3000多台套、摄像机2645套，在工程全线13座泵站、87座闸站、42座阀站设置信息点69723个，实现了全线工程基础信息、工情、水情信息实时采集和调水全流程线上操作，调水业务由线下转为线上的跨越式转变。

3. 工程效益发挥情况

截至2022年6月底，山东省胶东调水工程累计引水116.5亿m^3，其中打渔张引黄68.56亿m^3、长江水（含东平湖）31.36亿m^3、黄水东调4.07亿m^3、调引当地水（峡山、大沽河等其他水源）12.51亿m^3；胶东调水工程累计为胶东地区配水80.53亿m^3，有力地保障了胶东地区用水需求。

5.2.1.2　标准化创建情况

山东省胶东调水工程包含水库、水闸、泵站、渠道、渡槽、管道、暗渠、渡槽、隧洞等多种工程形式。如图5-8所示，其体系包括日常管护、检查考核、防汛安全、现场制度、管理标准五类，日常管护主要由日常维修养护相关管理办法组成；检查考核为工程管理考核办法；防汛安全部分由防汛物资储备管理办法、度汛方案及应急预案、特种设备管理办法及安全监测管理办法组成；现场制度部分主要为工程现场管理制度汇编；管理标准主要是工程现场管理所用的标准制度，山东省胶东调水工程主要由泵站、管道、水库和渠道四类工程组成，分别对每一类工程制定管理标准，各标准涵盖了工程现场管理的组织、制度、流程、条件、标识、要求、表单、安全、行为9个方面。

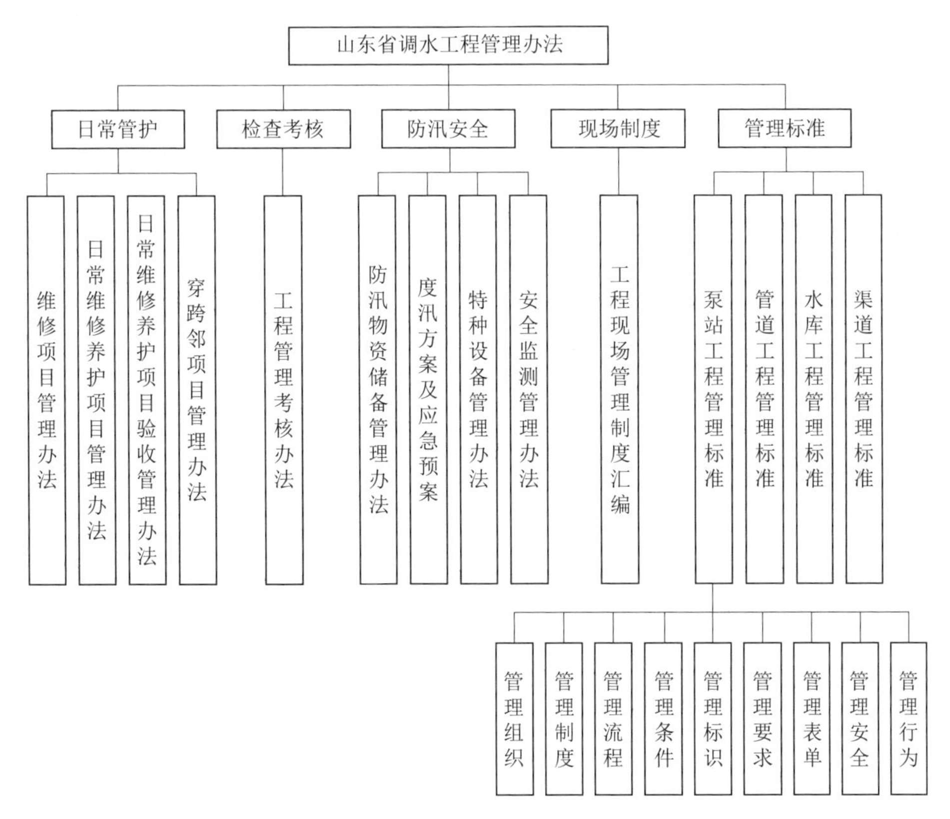

图5-8 胶东调水工程标准化体系

5.2.2 标准化创建实施情况

2020年山东省制定了《全省水利工程标准化管理工作推进方案》，随后山东省胶东调水工程运行维护中心据此开展标准化创建工作，具体过程如图5-9所示。

5.2.2.1 标准化实施方案与创建规划

2020年10月，山东省水利厅组织制定了《全省水利工程标准化管理工作推进方案》，在山东省范围内推进水利工程标准化管理。在此基础上，山东省调水工程运行维护中心结合胶东调水工程实际，编制印发了《山东

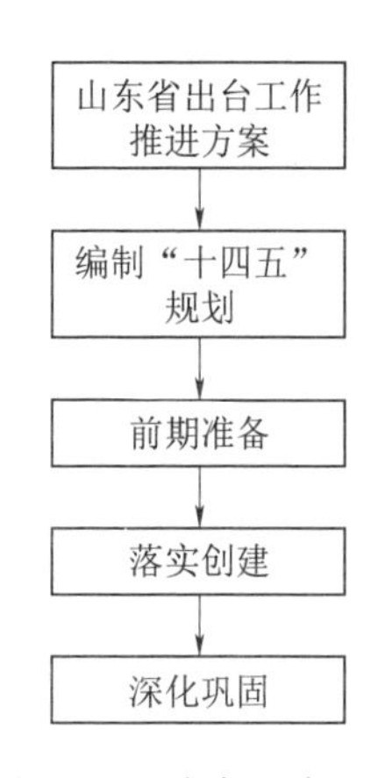

图5-9　胶东调水工程标准化建设流程

省调水工程标准化管理工作推进实施方案》（以下简称“实施方案”），确定了“管理责任明细化、管理人员岗位化、管理设施完整化、管理工作制度化、管理范围具体化、管理运行安全化、经费使用高效化、岗位培训规范化、工程管理信息化、业绩考核指标化”的“十化”标准化管理目标；制定了包含“落实管理责任主体、完善工程设施设备、制定管理制度标准、划定管理保护范围、搭建工程管理平台”等在内的十项主要任务，为推进工程管理标准化提供了工作指南。

2021年山东省调水工程运行维护中心颁布实施《山东省调水工程建设运行维护“十四五”规划》（以下简称《规划》）。作为标准化管理工作行动纲领，《规划》提出“十四五”期间，山东省胶东调水工程要对标先进水管单位的典型做法和成熟经验，创新手段，系统谋划，精细管理，建立起“以中心管理为主导，专业服务为保障，标准管理为方向，安全运行为目标，信息管理为手段”的工程标准化管理体系总体目标。围绕总体目标，《规划》研究确定了完善工程管理制度保障体系、深化工程管理体制改革、推进工程标准化管理进程、提升工程安全管理措施、打造美丽幸福河湖等5项主要任务及25项具体措施。在明确任务及措施的基础上，进一步制定“十四五”规划推进实施方案，研究部署“十四五”期间落实各项具体措施需要组织实施的重点项目，测算项目投资，制定分年度实施计划，落实完成时限，明确责任划分。

5.2.2.2　分段推进标准化实施

山东省调水工程运行维护中心将管理标准化工作分为“前期准备、落实创建、深化巩固”三个阶段，通过阶段性目标和任务设定，循序渐进，逐步推进工程管理标准化向深入开展。

1. 前期准备阶段

该阶段利用近两年时间开展标准化前期准备工作。组织完成了针对管理制度体系及标准化建设等方面专项调研和摸排，确定了通过推行标准化管理，全面提升工程管理水平的发展思路；完成了工程管理制度体系建设，初步形成了较为完善的制度标准体系。

（1）组织管理。组织管理明确了工程现场管理机构的单位职责、组织架构、岗位设置、岗位与管理事项对应关系等内容。

示例：工程现场组织架构图，如图 5-10 所示。

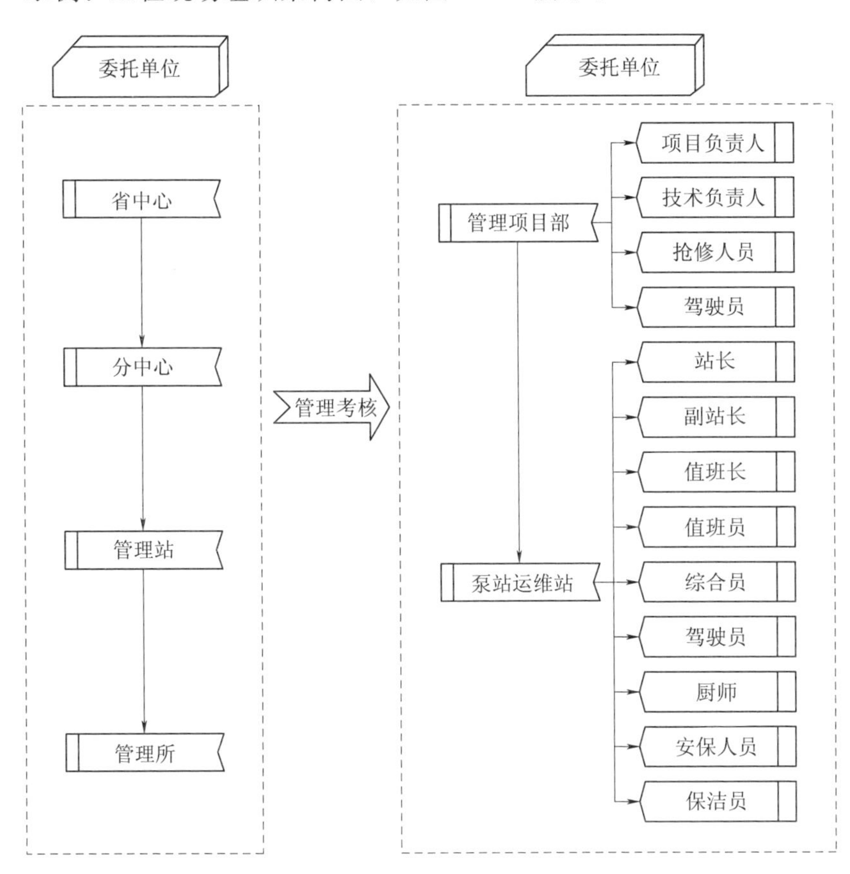

图 5-10 工程现场组织架构图

(2) 工程管理制度。在遵循法律、法规、规范、规程的基础上，结合工程现场管理工作实际，从综合、工程、安全、考核等 4 个方面制定相关制度，约束和规范管理行为。

主要制度有：综合管理、工作计划总结制度、会议制度、大事记制度、学习培训制度、考勤制度、物资管理制度、环境卫生制度、参观学习制度、安全保卫制度、工程管理制度、工程检查制度、工程观测制度、工程汛期工作制度、冬季工作制度、工程调度管理制度、操作票制度、运行值班制度、运行巡视检查制度、设备定期试验轮换制度、设备检修制度、设备缺陷管理制度、工作票制度、维修项目管理制度、工程评级制度、工程技术档案管理制度、安全管理制度、安全工作制度、安全生产台账管理制度、检修安全制度、事故应急处理制度、重大事故报告与调查制度、安全器具管理制度、消防器材管理制度、危险品管理制度、特种设备安全制度、考核管理制度、考核制度。

（3）管理流程。分为组织管理、工程考核、调度运行、工程检查、维修养护、等级评定、安全管理、综合管理8个部分内容，各工作事项合理划分分布执行流程，明确责任单位、责任人，并在流程执行完毕后形成规范性的成果资料。

示例：组织管理流程，如图5-11所示；其说明见表5-5。

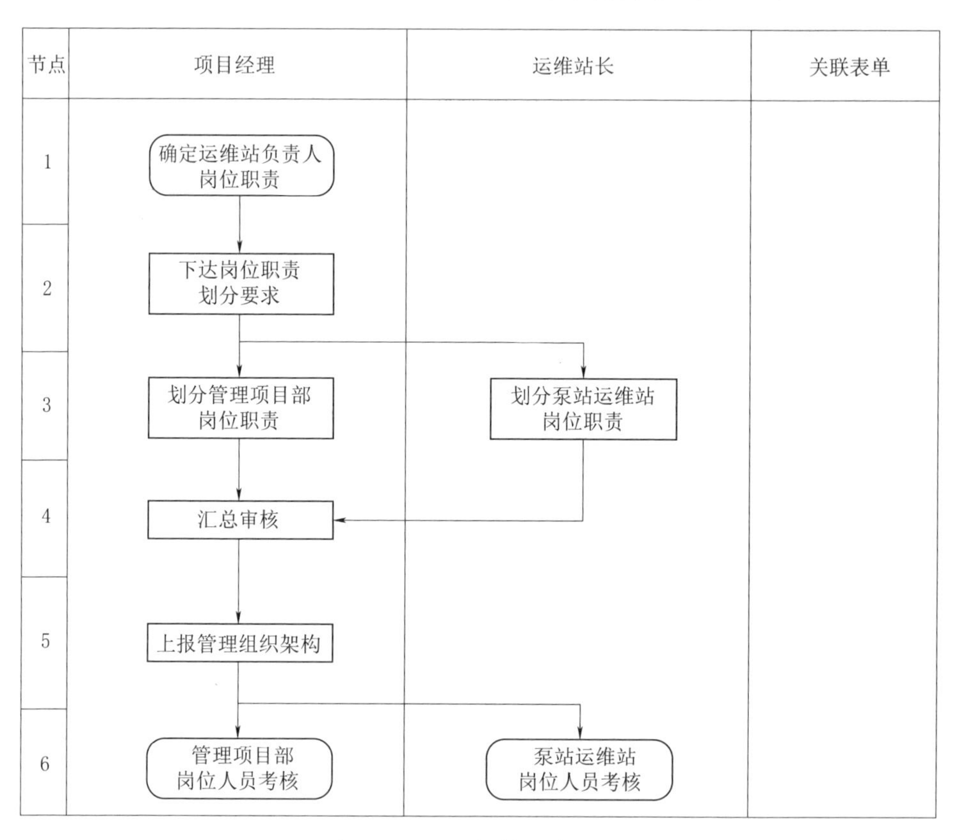

图5-11　组织管理流程图

表5-5　　组织管理流程说明

流程节点		责任人	工作说明
1	确定运维站负责人岗位职责	项目经理	确定运维站负责人的岗位职责内容
2	下达岗位职责划分要求	项目经理	下达管理项目部、运维站各岗位职责划分的要求

续表

流程节点		责任人	工　作　说　明
3	划分管理项目部岗位职责	项目经理	负责划分管理项目部技术负责人、工程师、抢修人员、厨师的岗位职责
		运维站长	负责划分泵站运维副站长、值班长、值班员、综合后勤人员的岗位职责
4	汇总审核	项目经理	汇总管理项目部、运维站相关岗位的职责划分并进行初审
5	上报管理组织架构	项目经理	将管理组织设置、组织方式及岗位职责划分等内容上报委托单位
6	管理项目部岗位人员考核	项目经理	负责运维站长、运维副站长、管理项目部技术负责人、工程师、抢修人员的岗位考核工作
		运维站长	负责泵站值班长、值班员、综合后勤人员的岗位考核工作

（4）管理条件。按照安全第一、科学规范、精简实用的原则，对水工建筑物、机电设备和管理设施进行规定，可有助于提升现场管理效率，降低安全风险。同时采用图表形式进行描述。

示例：主变室配置及说明，见图 5－12 和表 5－6。

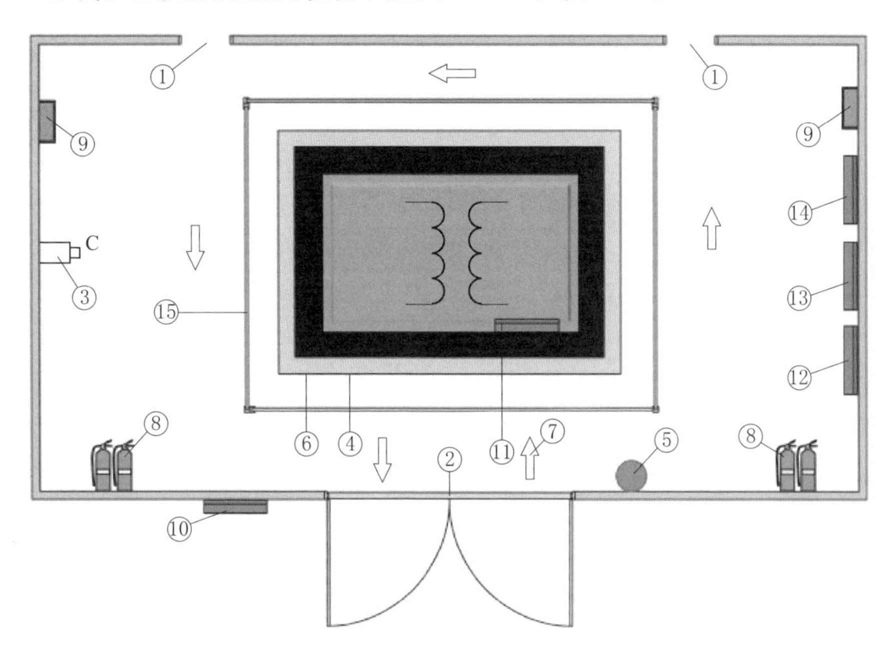

图 5－12　主变室配置图

表5-6　　主变室配置说明

序号	配置名称	配置标准
①	通风设施	配备2台抽风机，通风管道应采用非燃烧材料，通风孔应设防止鼠、蛇等小动物进入网罩，夏季排风温度不宜高于45℃，进风和排风的温差不宜大于15℃
②	挡鼠板	配备40cm高的不锈钢材质的挡鼠板，并张贴必要的警示标志，样品见《管理标识》手册
③	摄像机	电气柜正前方配置一台智能球机，像素不低于200万，视频输出分辨率不低于1080p，光学变倍不低于4倍
④	绝缘垫	35kV使用12mm厚绝缘垫，在室内排风机配电箱、端子箱前铺设5mm厚的绝缘垫
⑤	温湿度监测装置	配置1台数字式温、湿度监测仪，温度精度不低于±0.5℃，湿度精度不低于±3%RH，预留接口接入自动化系统
⑥	警示线	在变压器周围粘贴黄色警示线，警示线宽度为48mm，厚度不低于0.13mm
⑦	巡视路线图	沿巡视路线在地面粘贴巡视路线标识，参数详见《管理标识》手册
⑧	安全消防装置	按消防设计要求布设火灾报警装置，共配备4具4kg干粉灭火器
⑨	照明设施	配备必要的日常照明，地面照度标准参考值100lx，配备双头应急照明灯及应急逃生指示灯，双头应急照明灯距地面约2.2m左右；应急逃生指示灯安装在出口门框上方或距地面约2.2m左右，间距不应大于20m
⑩	门牌及安全告知牌	距室外门框左侧30cm处设置主变室门牌及安全告知牌，高度距地面1.6m，参数详见《管理标识》手册
⑪	禁止攀登 高压危险	参照标识标牌标准设计制作，在变压器防护栏杆上粘贴此警示牌
⑫	主要巡视检查内容	距室内门框左侧50cm处设置主要巡视检查内容，高度距地面1.6m，参数详见《管理标识》手册
⑬	危险源告知牌	安装位置如图所示，与相邻标牌间距30cm，高度距地面1.6m，参数详见《管理标识》手册
⑭	日常维护清单牌	安装位置如图所示，与相邻标牌间距30cm，高度距地面1.6m，参数详见《管理标识》手册

续表

序号	配置名称	配 置 标 准
⑮	安全围栏	干式变压器外廓与墙壁的净距离不应小于 0.6m，干式变压器之间的距离不应小于 1m，变压器周围设置巡视防护栏杆，栏杆高度不低于 1700mm，设置供工作人员出入的门并上锁
⑯	门	采用钢制防火门，门扇面板厚度不低于 1mm，门框宽度和高度按不可拆卸部件最大尺寸加 0.3mm，锁体采用执手或推拉机构形式防火锁，其余配件均使用防火配件，开启方向为向外开启，配弹簧锁
⑰	窗	设可开启式自然采光窗，窗户采用 70 系列（宽度 7cm、壁厚 1.8mm）断桥铝合金材质，底边距室外地面的高度不应小于 1.8m
⑱	墙面	内墙抹灰刷白，顶棚刷白，屋顶承重构件的耐火等级不应低于二级
⑲	地面	使用环氧地坪漆、刷绝缘漆或浅色釉面砖

（5）管理标识。将现场标识分为区域导示类、工程简介类、设备标识类、安全标识类、规程制度类等 5 类标识，并规定了标识样式、尺寸和安装位置。

示例：工程形象标识，如图 5-13 所示。

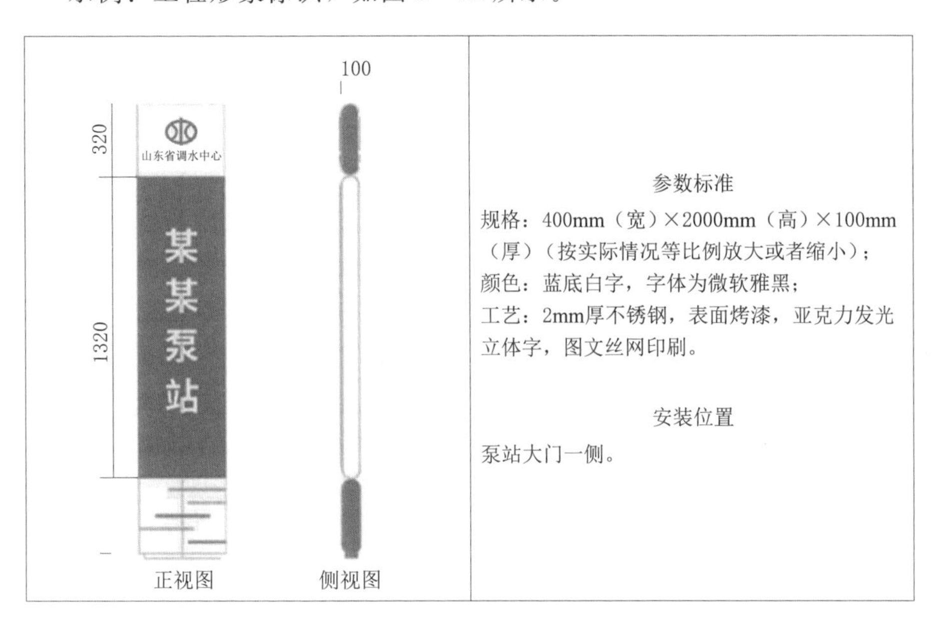

图 5-13 工程形象标识

（6）管理要求。依据有关规程规范要求，结合工程实际情况，明确了对水工建筑物、机电设备、自动化监控系统、管理设施等，开展运行、检查、维修养护、安全管理等技术工作的要求。

示例：泵站进出水池及引河管理要求，见表5－7。

表5－7　泵站进出水池及引河管理要求

序号	项目	管　理　要　求
1	基本要求	（1）河面 1）河道无异常、无水草等漂浮物堵塞； 2）拦河设施完好无损坏、歪斜、断裂情况。 （2）堤防 1）混凝土护坡无剥蚀、冻害、裂缝、破损，排水孔通畅；砌石护坡无松动、塌陷、脱落、风化、架空，排水孔通畅；草皮护坡无缺损、干枯坏死，无荆棘、杂草、灌木； 2）堤脚无隆起、下沉、冲刷、残缺、洞穴，基础未淘空； 3）堤坡与戗台平顺、无渗水，无雨淋沟、滑坡、浪窝、裂缝、塌坑，无害堤动物洞穴、杂物垃圾杂等，排水沟完好顺畅； 4）堤顶交通道路路面平整坚实，上堤道路连接平顺，安全标志、交通卡口等管护设施完好，里程碑、界桩、警示牌、标志牌、护路杆等完好，无放牧、种植、取土、开挖施工与爆破等违法违章涉水项目，无危害工程安全的行为，堤肩线顺直，无凹陷、裂缝、残缺，硬化堤顶未与垫层脱离，无杂草、杂物、垃圾等； 5）堤岸防护工程砌体无松动、塌陷、脱落、架空、垫层淘刷现象，无垃圾杂物、杂草杂树，变形缝和止水正常，坡面无剥蚀、裂缝、破碎，排水孔通畅，护脚表面无凹陷、坍塌，护脚平台及坡面平顺，护脚无冲动、淘空、冒水、渗漏； 6）两岸无取土、堆积和种植，管理范围内无新建违章建筑等。 （3）日常维护 1）泵站上、下游河道的坡面及堤顶地面无垃圾，每月清理1次； 2）泵站进出水池水面每周打捞1次
2	经常检查	非运行期开展经常检查，非汛期每月至少1次，汛期每周至少1次，检查内容及标准见《管理表单》篇第6章“泵站经常检查记录表”
3	定期检查	每年2次，分别为调水前检查与调水后检查，检查内容及标准见《管理表单》篇4.4节“进出水池及引河工程定期检查表”
4	安全注意事项	（1）进出水池堤顶应设置安全警示标牌，见标识、标牌； （2）禁止外来人员在河道钓鱼、游泳以免发生溺水事件； （3）加强安全保卫，避免在河道投毒或污染水体物质； （4）巡视人员应当配置救生圈、救生绳等急救物品

（7）管理表单。对日常管理工作中的综合管理、调度运行、工程检查、等级评定、安全管理等各种台账记录表单形式进行了规定。

示例：培训记录，见表5-8。

表5-8　　培训记录表

<table>
<tr><td>组织部门</td><td></td><td>时间</td><td></td><td>地点</td><td></td></tr>
<tr><td>培训对象</td><td></td><td>人数</td><td></td><td>授课人</td><td></td></tr>
<tr><td>培训内容</td><td colspan="5">记录人：________________</td></tr>
<tr><td>培训总结</td><td colspan="5"></td></tr>
<tr><td>培训照片</td><td colspan="3">照片粘贴处</td><td colspan="2">照片粘贴处</td></tr>
</table>

（8）安全管理。对工程现场安全生产的目标职责、制度化管理、教育培训、现场管理、安全风险管控与隐患排查、应急管理和持续改进等内容作出规定。

示例：重大危险源管理制度，内容如下：

（1）运维站组织对重大危险源采取措施进行监控，包括技术措施（运行、维护、检查、检验等）和组织措施（职责明确、人员培训、防护器具配置、作业要求等），按照有关规定定期对安全防范设施和安全监测监控系统进行检测、检验，组织进行经常性维护、保养并作好记录，确保安全风险始终处于受控范围内。

(2) 在重大危险源现场设置明显的安全警示标志和危险源点警示牌或以危险告知书形式上墙告知、提醒。

(3) 运维站制定相应的重大危险源应急救援处置方案，并定期组织培训和演练，每年至少进行1次重要危险源应急救援预案的培训和演练，并及时进行修订完善。

2. 落实创建阶段

山东省调水工程运行维护中心自2021年7月启动标准化示范工程试点创建，确定了11项工程先行推进标准化创建。在试点工作的基础上，确定2022年底全部工程达到标准化管理要求，具备条件的创建标准化示范工程的工作目标。在总体目标框架下，对水利部《关于推进水利工程标准化管理的指导意见》《水利工程标准化管理评价办法》及评价标准、《山东省水利工程标准化管理评价标准（判定标准、示范工程赋分标准）》进行了认真调研，全面掌握标准化评价工作程序、要求及各类工程标准化管理评价标准；组织对照评价标准详细自查自评，结合自评结果制定整改完善计划；编制标准化创建资料准备说明，指导各分中心、管理站开展创建资料整理归档工作；相继组织开展水闸、渡槽、泵站等重要建筑物安全鉴定及除险加固、引黄济青段变形监测网和泵站在线安全监测系统建设、工程管理标准化信息平台建设等重点项目；健全工程防汛度汛与应急抢险组织体系，制定或修订各类应急预案，落实防汛度汛和安全生产措施。

在上述工作的基础上，山东省调水工程运行维护中心全面加强制度、标准宣贯培训，管理范围内的各类工程逐步向标准化管理要求靠拢，标准化示范工程创建工作稳步推进；各级管理技术人员的标准化意识显著增强，管理效率和管理效果稳步提升。

3. 深化巩固阶段

标准化管理示范工程创建达标并不是推进标准化管理的终点，山东省调水工程运行维护中心计划采取多项措施进一步对创建成果进行深化巩固。通过持续开展制度标准的宣贯培训，进一步深化树立标准化管理思想，熟练标准化管理流程，磨炼提高标准化管理技术水平；通过科学设立考核、激励等制度、措施，把标准化管理与绩效评价挂钩，提升基层单位、干部职工开展标准化管理的动力；在推进标准化管理的同时，探索胶东调水工程技术及岗位创新管理体制改革，逐步完善创新管理的组织机构、工作制度、激励机制，以岗位创新为手段助力管理标准化，持续推进工程管理水平稳步提升。

5.2.3 难点及建议

（1）推行标准化管理过程中，标准的宣贯培训是一项十分重要的工作，既要把标准化工作要求教授给基层技术人员，也要向基层技术人员传达标准化工作的思想，转化管理思路。目前采取的宣贯培训大多停留在制度、办法、标准的学习培训方面，形式不够灵活，效果不够明显。需要进一步研究制定更有针对性的宣贯培训方案，确保基层技术人员管理思路向标准化转变。

（2）推行工程管理标准化，在对管理事项、管理流程、管理要求、管理表单进一步细化明确的同时，基层管理技术人员需要投入大量精力在规范制表记录和档案归档整理方面。为解决这类问题，需要在进一步优化标准，简化管理流程和表单的同时，加快推进工程管理信息化建设，利用信息化手段把基层管理技术人员从繁杂的档案文字工作中解脱出来，专注于工程管理技术提升。

5.2.4 经验与后续

5.2.4.1 标准化建设经验

山东省调水工程运行维护中心在开展标准化创建工作的基础上，结合引调水工程的特点，初步总结归纳形成经验如下：

（1）高度重视《实施方案》编制工作。实施方案是有计划、分步骤组织实施，是统筹推进水利工程标准化管理工作的主要依据。水利工程管理单位需结合工程和所处地区的实际情况，确定工程标准化管理的指导思想、工作原则、目标任务、实施计划、工作要求和责任分工，依据方案具体督导落实标准化管理的各项工作。

（2）分阶段开展标准化建设工作。水利工程管理标准化工作无法一蹴而就，需要一个不断积累，从量变到质变的过程。将管理标准化工作分为“前期准备、落实创建、深化巩固”三个阶段，通过阶段性目标和任务设定，循序渐进、逐步推进工程管理标准化向深入开展。

（3）明确标准化建设主要工作内容。山东省调水工程运行维护中心在推进标准化实施过程中明确了“全面调查研究、完善制度标准、工程改造提升、编制工作指南、对标自评整改、信息平台建设、持续宣贯培训、岗位技术创新、跟踪督导考核”9 项重点工作内容，通过开展上述工作，山东省胶东调水工程标准化工作所确定的各阶段工作目标和任务得到了有效落实，工程的标准化管理水平也得到了显著提升。

5.2.4.2　后续工作安排

（1）按照已有目标要求，山东省胶东调水工程计划于 2022 年底完成全部工程标准化达标创建工作，其中：棘洪滩水库和 3 座中型水闸工程拟申报参加省级标准化管理示范工程终验，具备条件的申报水利部验收；渠道、管道、泵站工程由省调水中心自行组织完成达标验收。

（2）2022 年 10 月 31 日，《调水工程标准化管理评价标准》印发执行，省调水中心计划安排深入学习研究，在积极配合省水利厅开展山东省调水工程标准化推进工作的同时，按照相关要求部署安排渠道、管道工程标准化达标创建工作。

（3）胶东调水工程标准化管理信息平台于 2021 年启动建设，平台结构现已经搭建完毕并通过测试，目前正组织线上测试和部分工程信息录入工作。下一步山东省调水工程运行维护中心将重点安排标准化管理信息平台功能优化及完善，尽快在全系统内推广使用。

5.3　浙东引水工程标准化创建案例

5.3.1　标准化创建介绍

5.3.1.1　工程概况

1. 工程基本情况

浙东引水工程以杭州萧山枢纽为起点，引富春江水，分南北两路并行，北线经曹娥江到慈溪，南线则经曹娥江到宁波以及舟山。其主要任务是引钱塘江水向萧绍宁平原及舟山地区提供生活、工业和农灌用水，并兼顾改善水环境。工程由萧山枢纽、曹娥江大闸枢纽、曹娥江至慈溪引水、曹娥江至宁波引水、舟山大陆引水二期工程等骨干工程和区域内其他水利工程组成，引水线路总长 294km。工程设计多年平均引水量 8.9 亿 m^3。

浙东引水工程于 2003 年谋划建设，2013 年浙东引水工程北线试通水，2021 年引曹南线试运行。浙东引水工程全面建成历时 18 年，是浙江有史以来跨流域最多、跨区域最大、引调水线路最长和投资规模最大的水资源战略配置工程。

2. 效益发挥情况

2013 年 2—3 月和 7—8 月，萧山枢纽至慈溪段开展了试通水和应急引水，2014 年 6 月，萧山枢纽进入常态化运行。年运行时间在 80～130 天，年引水量在 3.3 亿～6.5 亿 m^3。2022 年运行已超 200 天，引水 7.3 亿 m^3。自试通水至 2022 年底，已累计运行近 2000 天，向浙东地区输送优质水资源近 50 亿 m^3。

5.3.1.2 标准化创建情况

2016 年初，浙江省政府办公厅和浙江省水利厅先后印发了《关于全面推行水利工程标准化管理意见》《全面推进水利工程标准化管理实施方案》，加快建立和完善浙江省水利管理标准体系，全面做好水利工程标准化管理工作。浙东引水工程立即响应上级精神，设立标准化创建工作小组，对照相关文件及规范，制定了标准化建设实施方案。同时结合工程运行管理实际，建立和完善标准化管理制度、台账，编制《运行管理组织手册》和《运行管理操作手册》等。目前浙东引水工程沿线单项工程萧山枢纽、曹娥江大闸已通过标准化省级验收，姚江上游西排工程（浙东引水曹娥江至宁波引水工程）计划于 2022 年底组织标准化验收。涉及沿线主要的单项小型水闸三兴闸等部分闸泵等工程也开展了标准化创建，并通过地方水行政主管部门验收，按标准化要求进行管理。

5.3.2 标准化创建实施情况

按照浙江省水利厅部署，浙江省大中型水闸、泵站、水库等水利工程于 2016 年开始标准化管理建设，并要求逐步通过标准化管理验收。

浙东引水工程标准化管理创建目前以单项工程创建为主。创建过程中专门成立标准化管理创建小组，根据闸、泵标准化管理验收标准和《浙江省水利工程标准化管理验收办法》等相关文件，制定了标准化建设实施方案。结合工程运行管理实际，建立和完善标准化管理制度、台账，编制《运行管理组织手册》和《运行管理操作手册》等。

5.3.2.1 萧山枢纽工程标准化创建情况

2016 年 11 月，萧山枢纽所属的水闸、泵站、堤防三类工程已通过标准化管理省级验收。主要建设内容如下：

（1）制度台账。参照水利部《水利工程管理单位安全生产标准化评审标准（试行）》、省水利厅《浙江省大中型水利工程管理考核标准》《浙江省泵站运行管理规程》《浙江省水闸运行管理规程》《浙江省堤防工程维修养护管理规程》，结合工程运行管理实际，建立和完善标准化管理制度、台账，使制度、台账体系更加完整、规范，能满足标准化管理需要。

（2）专业化。根据水利工程三化改革的新要求，萧山枢纽全面实行管养分离，运行观测、维修养护委托第三方服务单位承担，明确日常工作内容、工作目标、发现问题如何处置，即明确各岗位要做什么、怎么做、做到什么程度、发现问题怎么办。并制定考核办法，实行日检查、月考核、年评价制度，支付与考核结果挂钩，及时发现问题，解决问题，安全生产有基本保证。

（3）信息化。结合水利工程标准化管理中对信息化建设的需要，新建标准化管理平台，对萧山枢纽现地操控系统进行改造，安全巡视留下痕迹，做到“流程没完成，工程不运行”，对程序控制、安全巡查、视频监控、信息记录、综合展示等功能全覆盖。

（4）工程形象。对原设计标准不高、存在安全隐患的区域如闸站门厅、中控室、园区等区域进行提升改造。

（5）标志标识。根据水利厅印发的水利工程标识牌标准和设置指南，制定标识牌标准化建设方案，对各类标志标识统一规划，明确要求。

5.3.2.2 三兴闸标准化创建情况

三兴闸标准化已通过标准化管理地方水行政主管部门验收，其创建主要内容如下：

（1）标准化。根据现行法律法规、规程规范与设备说明书要求，按浙江省各类水利工程运行管理相关规定进行编制。包括组织管理、运行管理（控制运行、检查观测、维修养护、安全管理、资料整编）、信息化管理和物业化管理等内容。

（2）系统化。管理手册明确所有的管理事项，建立健全各项管理制度；并把管理事项落实到岗位人员，做到管理事项、管理制度、岗位责任、岗位人员相对应；编制的手册不应出现缺项，应包含工作管理全过程和各个环节。

（3）流程化。手册主要是分解各类工作过程和管理事项，落实工程管理事项工作流程中工作要求和责任主体，明确工作开始条件、结束条件和关键环节，使管理工作流程程序化。

（4）可操作。编制手册主要结合工程管理实际情况进行编制，覆盖工程运行管理的各个方面、关键环节和重要节点，以实用性和可操作性为特点，便于操作和应用。

（5）图表化。管理工作程序多用框架图、流程图和表格表示，可使工程管理运行过程一目了然。

5.3.2.3 姚江上游西排工程（浙东引水曹娥江至宁波引水工程）标准化创建情况

姚江上游西排工程（浙东引水曹娥江至宁波引水工程）计划于2022年年底通过标准化省级验收，其主要创建内容有：

（1）标化手册。参照水利部《水利工程管理单位安全生产标准化评审标准（试行）》、省水利厅《浙江省大中型水利工程管理考核标准》《浙江省泵站运行管理规程》《浙江省水闸运行管理规程》《浙江省堤防工程维修养护管理规程》，结合工程建设与试运行管理实际，创建标准化手册，明确各类管理事项、岗位、人员、制度、操作流程等，确保工程运行安全、高效。

（2）标志标识。根据水利厅印发的水利工程标识牌标准和设置指南，制定标识牌标准化建设方案，对各类标志标识统一规划，明确要求，初步统计完成5类标志标识约6000个。

（3）专业化。根据水利工程三化改革的新要求，姚江上游西排工程全面实行管养分离，通过政府采购方式将运行管理、维修养护、安全监测、物业管理等委托给第三方服务单位承担，保证运维团队专业性，以便更好地服务项目。

（4）信息化。结合数字化标开发建设，打造智慧泵站，开展智能化泵站研究，设置感知系统，利用视频、图像和监测分析数据，对泵站整体进行大数据管理，建立起整体的智能管理信息系统，做到一体化的监测管理系统；通过统一规划、综合协调，集成传统工程中的在线状态监测系统、计算机监控系统、视频安防系统、办公自动化系统、标准化管理平台、运行调度系统等，实现泵组设备全生命周期运行维护管理。

（5）其他。根据《浙江省水利厅关于进一步做好水利工程管理与保护范围划定工作的通知》（浙水科〔2016〕6号）、《浙江省水利工程安全管理条例》，积极开展工程管理和保护范围划定。

5.3.3 特点和难点

5.3.3.1 标准化创建特点

浙东引水工程路线长，跨多个县市区，沿线涉及工程多，输水基本采用原有河道进行输水，部分利用已建的闸站进行调水。浙东引水工程实行统一调度、属地管理的引水管理模式。组织形式由负责浙东引水管理重大事项决策和协调的浙东引水工程建设与管理领导小组、负责浙东引水管理的行业指导和监督的浙江省水利厅、具体负责浙东引水的管理、调度、协调等相关工作的浙江省钱塘江流域中心、负责组织领导本行政区域内浙东引水管理工作的浙东引水沿线县级以上人民政府及市、县级水行政主管部门等。形成了《浙江省浙东引水管理暂行办法》《浙东引水工程运行调度方案（试行）》等较为完善的制度保障体系。经过多年调度与管理实践，具备较为完备、运作顺畅的调度与运行管理体系。浙东引水工程统一建设工程管理信息化平台——浙东引水数字管理应用，该应用将工程基础信息、水位水量监测监控信息、水质自动监测、工程巡查管理信息等数据纳入信息化平台，整合接入雨水情信息，实现浙东引水工程业务工作数字化应用。

5.3.3.2　标准化创建难点

（1）需要研究制定符合水利部要求又切合浙江实际的引调水工程运行管理规程，进一步规范省内引调水工程管理，创建引调水工程标准化管理。

（2）人员落实及管理困难。专业技术人员配备不足，对照《浙江省水利工程管理定岗定员标准》差距较大，部分人员年龄较大对计算机等信息化设备无法熟练使用，平台登录率、使用率较低。实施专业化管理后，因省政府采购有关要求，需每年进行公开招标确定第三方服务单位，导致人员变动频繁，存在再教育、再培训的过程。

（3）信息化管理经费欠缺。引调水工程调度管理对数字化信息化建设要求更高，数字化提升建设经费不能满足运行求。

5.3.4　经验和后续

5.3.4.1　标准化建设经验

（1）要加强培训教育，巩固工作成效。标准化管理创建是经过全体工作人员的共同努力得来的。现场管理过程中，人员变动比较频繁，特别是运行维护人员。须建立培训教育机制，按年度组织培训教育。

（2）要建立标准化经费长效保障机制。标准化常态化管理需要一定的资金进行维护，特别是系统平台，每年都要经过数据更新，系统升级等，需要对标准化管理在政策上予扶持或倾斜，确保标准化管理正常运行。

（3）有效开发利用自动化。为提高工作效率，降低操作风险，实现与上级部门数据共享，顺应水利现代管理发展趋势。

5.3.4.2 后续工作安排

下一步浙东引水工程将参照水利部调水工程标准化管理评价标准有关要求，结合浙江省内原制定的评价标准和验收办法，重新制定水闸、泵站、水库等标准化管理评价标准，同时编制《浙江省大中型引调水工程运行管理规程》，制定引调水工程标准化管理评价标准，并按要求继续开展引调水工程标准化管理工作。

第 6 章　标准化持续建设

实施国家水网重大工程，是以习近平同志为核心的党中央从实现中华民族永续发展的战略高度作出的一项重大决策部署。以大江大河大湖自然水系、重大引调水工程和骨干输配水通道为“纲”、以区域河湖水系连通工程和供水渠道为“目”、以控制性调蓄工程为“结”，构建“系统完备、安全可靠，集约高效、绿色智能，循环通畅、调控有序”的国家水网。调水工程是国家水网的重要组成部分，持续做好调水工程标准化建设意义非凡、责任重大。

6.1　持续改进

根据调水工程标准化管理评价结果，充分认识创建整改的重要性，建立定期反馈、举一反三、责任制、奖惩制等机制，及时组织对单项工程、整体工程硬件设施进行消缺，对软件资料进行完善。把标准化创建整改作为改进和推动标准化管理工作的重要契机，以整改促提升，实施 PDCA 循环，不断提高创建质效，确保顺利通过每五年的标准化评价复核。

6.2　标准提升

调水工程设计、建设等有完善的规程规范，但管理标准仍是行业空白。部分企业先行先试开展企业标准研究，并在实践中不断完善，形成了不少兼具先进性、可行性和可操作性的企业标准或细则。会同标准主管部门提升标准级别，将企业标准、细则升级为地方、行业甚至国家标准。

6.3　标准化成果信息化应用

积极探索大型调水工程信息化、数字化建设运维新技术，持续推进标准化建设成果信息化应用。将调水工程创建涉及的相关元素、流程、人员等信息，整合纳入各单位信息化平台建设中，实现标准化创建资料、流程信息化推送。同时紧扣数字孪生“四预”建设目标和“数字化场景、智慧化模拟、精准化决策”实现途径，分步推进数字孪生调水工程建设，提升调水工程智慧化管理水平。

调水工程标准化达标创建工作是适应新时期经济社会发展、推动新阶段水利高质量发展的必然要求，实施单位应更新工程管理理念，统筹好预先准备、过程实施、自我评价、组织评价、长效管理等各项工作，持续提高工程管理能力及水平，为进一步实现水利工程管理现代化夯实基础。